环境监测实验

主　编　冯素珍　杜丹丹
主　审　冀鸿兰

黄河水利出版社
·郑州·

内 容 提 要

本书是根据环境监测课程教学大纲所规定的实验基本内容与要点编写的,包含实验指导书和实验报告。选编实验力求监测方法的实用性、规范性和先进性。实验项目内容涵盖了水污染监测、大气污染监测、环境噪声监测、土壤环境监测等 26 个环境监测实验。本书实验原理简明扼要,实验方法准确规范,实验步骤详细明确,既训练学生熟练使用环境监测常规仪器设备,提高学生的动手能力;又注重培养学生分析问题、解决问题的能力和创新能力。

本书主要作为高等学校环境工程专业及环境科学专业的教学用书,也可作为有关专业及各级环保工作人员的参考用书。

图书在版编目(CIP)数据

环境监测实验/冯素珍,杜丹丹主编 . —郑州:黄河水利出版社,2013.1
ISBN 978 - 7 - 5509 - 0414 - 9

Ⅰ.①环… Ⅱ.①冯… ②杜… Ⅲ.环境监测 - 实验 Ⅳ.①X83 - 33

中国版本图书馆 CIP 数据核字(2013)第 007560 号

策划编辑:李洪良 电话:0371 - 66024331 E-mail:hongliang0013@163.com

出 版 社:黄河水利出版社 网址:www.yrcp.com
　　　　　　地址:河南省郑州市顺河路黄委会综合楼 14 层 邮政编码:450003
发行单位:黄河水利出版社
　　　　　　发行部电话:0371 - 66026940、66020550、66028024、66022620(传真)
　　　　　　E-mail:hhslcbs@126.com
承印单位:黄河水利委员会印刷厂
开本:787 mm×1 092 mm 1/16
印张:7
字数:162 千字 印数:1—3 100
版次:2013 年 1 月第 1 版 印次:2013 年 1 月第 1 次印刷

定价:15.00 元

前　言

环境监测是环境工程专业的核心课程,阐述了环境监测的理论与技术,是综合运用化学、生物、物理等多种仪器与方法对环境污染因子进行采集、处理与分析测试,获得反映环境污染的信息,从而了解、评价环境质量及其变化趋势的科学技术。环境监测实验是该课程的基本内容,在掌握环境监测基本理论、基本概念及计算方法的同时,必须熟练掌握环境监测实验方法和技术,二者缺一不可。

本教材包含实验指导书和实验报告,选编的实验为教学大纲规定项目,力求环境监测方法的实用性、规范性和先进性。实验项目内容涵盖了水污染监测、大气污染监测、环境噪声监测、土壤环境监测等26个环境监测实验。本书实验原理简明扼要,实验方法准确规范,实验步骤详细明确。本书注重训练学生正确选择和使用环境监测常规仪器设备;提高学生的动手能力,加深对基本理论知识的掌握和理解;培养学生理论指导实践、实践应用理论的分析问题、解决问题的能力和创新能力,为学习相关专业课和从事科学研究工作打下牢固的基础。同时,通过实验操作过程,培养严肃认真的科学态度和爱护国家财产的优良品德。

本教材适合学习环境监测课程的学生使用,可根据教学的实际需要和实验条件,从中取舍。

本书由内蒙古农业大学水利与土木建筑工程学院高级实验师冯素珍、杜丹丹共同编写,第一部分环境监测实验基础、第二部分实验一至实验十三由冯素珍执笔,第二部分实验十四至实验二十六由杜丹丹执笔,全书由冀鸿兰教授主审。在编写过程中,得到水利与土木建筑工程学院领导和相关专业教师的大力支持和帮助,在此特致谢意。

由于编者水平有限,不当之处在所难免,望使用本教材的师生批评指正。

编　者
2012 年 10 月

前　言

目　录

第一部分　环境监测实验基础

一、环境监测实验室规则

通过环境监测实验,可以加深对环境监测基本理论的理解及环境监测实验基本操作技能的掌握,养成严谨、认真和求实的科学态度,提高观察、分析和解决问题的能力。为了保证实验顺利进行,培养严谨的科学态度和良好的实验习惯,实验者进入实验室必须遵守以下规则:

(1)牢固树立"安全第一"的思想,时刻注意实验室安全。熟悉安全设施及存放位置,安全用具不得挪作他用。

(2)实验前必须做好预习工作,明确实验的目的、原理、要求、步骤,特别是要了解每个实验环节(或步骤)的目的和注意事项,写好预习报告。

(3)实验中严格遵守操作规程,认真观察实验现象,忠实记录。所用药品不得随意丢弃和散失。

(4)实验过程中始终保持实验台面、地面和公用实验台面的整洁。仪器应排列整齐,废纸屑应投入废纸箱内,废酸、废碱应倒入指定的废液缸内,水槽内应始终保持干净。

(5)实验时公用的仪器和试剂,用后应立刻归还原处,切不可随意乱放,要注意节约试剂,切不可浪费。

(6)爱护仪器,节约药品,节约使用水、电、燃气。严防毒物流失污染实验室,发生意外事故及时报告,在教师的指导下,采取应急措施,妥善处理。严禁把废酸、废碱和固体物质倒入水槽。损坏仪器、设备应如实说明情况,按规定予以赔偿。

(7)在使用不熟悉性能的仪器和药品时,应查阅有关书籍或请教指导教师,不要随意进行实验,以免损坏仪器,更重要的是预防意外事故的发生。

(8)实验时应严格遵守操作程序及注意事项,执行一切必要的安全措施,保证实验安全进行。实验室内应始终保持安静,严禁大声喧哗。

(9)实验结束,需将实验记录交教师审阅、签字。应实事求是地记录实验结果与数据,不得任意修改、伪造或抄袭他人实验结果。

(10)实验完毕,整理好仪器和药品,关好水、电、燃气开关,做好实验室的整理工作。经检查合格,方可离开实验室。

二、环境监测实验室安全守则

(一)实验室安全常识

在进行环境监测实验时,经常用到腐蚀性的、易燃的、易爆炸的或有毒的化学试剂,大量使用易损坏的玻璃仪器和某些精密分析仪器,同时还会使用各种热电设备、高压或真空等器具和水电等。如果不按规则操作,就有可能造成中毒、火灾、爆炸、触电等事故。因此,为确保实验的正常进行和实验人员的安全,必须严格遵守实验室的安全规则。

(1)必须了解和熟悉实验环境,要熟悉安全用具,如灭火器的放置地点、使用方法,并经常检查,妥善保管。

(2)绝对禁止在实验室内饮食、吸烟。一切化学药品禁止入口。养成实验完毕洗手后再离开实验室的习惯。

(3)水、电等使用完毕后,应立即关闭。离开实验室前,应仔细检查水、电、门、窗是否均已关好。

(4)实验室内的药品严禁任意混合,以免发生意外事故。注意试剂、溶剂的瓶盖和瓶塞不能互相混淆使用。

(5)使用电器设备时,应特别细心,切不可用湿润的手去开启电闸和电器开关。

(6)任何试剂瓶和药品瓶要贴有标签,注明药品名称、浓度等。倾倒试剂时,手掌要遮住标签,以保证标签的完整。试剂一经倒出,严禁倒回。

(7)禁止用手直接取用任何化学药品,实验后应马上清洗仪器用品,立即用肥皂洗手。

(8)为了防止火灾的发生,应避免在实验室中使用明火。实验台上要整齐、清洁,不得放与本次实验无关的仪器和药品。严禁在实验室吸烟、喝水和进食,禁止赤脚、穿拖鞋。

(二)事故发生时的急救处理

1.中毒预防及处理

(1)实验中产生有毒的、恶臭的、有刺激性的气体时,应该在通风橱内进行操作。

(2)用鼻子鉴别试剂气味时,应将试剂瓶远离鼻子,用手轻轻煽动,稍闻其味即可,严禁用鼻子直接对着瓶口或试管口嗅闻气味。

(3)使用有毒试剂(如氟化物、氰化物、铅盐、钡盐、六价铬盐、汞的化合物和砷的化合物等)时,严防进入口内或接触伤口,剩余药品或废液不得倒入下水道或废液桶内,应倒入回收瓶中集中处理。

当发生急性中毒时,紧急处理十分重要。若在实验中出现咽喉灼痛、嘴唇脱色、胃部痉挛或恶心呕吐、心悸、头晕等症状,则可能是中毒所致,应立即急救。如果是吸入煤气或硫化氢气体,应将中毒者移到新鲜空气中;如果是吸入刺激性或有毒气体(如溴蒸气、氯气、氯化氢),可吸入少量酒精和乙醚的混合蒸气解毒;若因口服引起中毒,可饮温热的食盐水(1杯水中放3~4小勺食盐),并触及咽后部(把手指放在嘴中),使其呕吐。当中毒者失去知觉,或因溶剂、酸、碱溶液引起中毒时,不要使其呕吐。误食碱者,先饮大量水再喝些牛奶。误食酸者,先喝水,再服 $Mg(OH)_2$ 乳剂,饮些牛奶,不要用催吐剂,不要服用碳酸盐或碳酸氢盐。重金属盐中毒者,喝一杯含有几克 $MgSO_4$ 的水溶液,立即就医,不得用催吐剂。如果中毒是因吞入不明化学试剂,最有效的办法是借呕吐排出胃中的毒物,同时应将中毒者送往医务部门,救护越及时,中毒影响越小。

2.燃烧、爆炸及处理

(1)应将挥发性的药品、试剂存放于通风良好处;易燃药品(如酒精、苯、丙酮、乙醚等)应远离火源或热源。防止易燃有机物的蒸气外逸,切勿将易燃有机溶剂倒入废液缸,更不能用开口容器(如烧杯)盛放有机溶剂,不可用火直接加热装有易燃有机溶剂的烧瓶。回流或蒸馏液体时应放沸石,以防止液体过热暴沸,引起火灾。

(2)启开易挥发的试剂瓶时(尤其在夏季),不可将瓶口对着自己或他人的脸部,因在启开时极易有大量气液冲出,若不小心,会发生严重伤害事故。

(3)加热易挥发或易燃烧的有机溶剂时,应在水浴锅或密封的电热板上缓慢地进行。严禁用明火直接加热。在蒸馏可燃性物质时,应先将水充入冷凝器内,确信水流已通过时再进行加热。

(4)身上或手上沾有易燃物时,应立即清洗干净,不得靠近灯火;沾有氧化剂溶液的衣服,稍微遇热就会着火而引发火灾,应注意及时予以清除。

(5)一些有机化合物如过氧化物、干燥的重氮盐、硝酸酯、多硝基化合物等,均具有爆炸性,必须严格按照操作规程进行实验,以防爆炸。

(6)当实验室不慎起火时,一定不要惊慌失措,而应根据不同的着火情况,采取不同的灭火措施。由于物质燃烧需要空气和一定的温度,所以灭火的原则是降温或将燃烧的物质与空气隔绝。

(7)化学实验室常用的灭火措施如下:

①小火用湿布、石棉布覆盖燃烧物即可灭火,大火可用泡沫灭火器灭火。对活泼金属Na、K、Mg、Al等引起的着火,应用干燥的细沙覆盖灭火。有机溶剂着火,切勿用水灭火,而应用二氧化碳灭火器、沙子和干粉等灭火。电器设备着火时,应先切断电源,再用四氯化碳灭火器灭火,也可用干粉灭火器灭火。

②当衣服上着火时,切勿慌张跑动,应赶快脱下衣服或用石棉布覆盖着火处,或就地卧倒打滚,起到灭火的作用。

③在加热时着火,应立即停止加热,切断电源,把一切易燃易爆物移至远处。

④遇到火灾应及时报火警。

3. 腐蚀的预防及处理

使用具有强腐蚀性的浓酸、浓碱、溴、洗液时,应避免接触皮肤和溅在衣服上,更要注意保护眼睛,需要时应配备防护眼镜。

一切固体不溶物、浓酸和浓碱废液,严禁直接倒入水槽中,以防堵塞和腐蚀下水道。残余毒物更应尽快妥善处理,切勿任意丢弃或倒在水槽中。

当身体的一部分被腐蚀时,应立即用大量的水冲洗。被碱腐蚀时,用1%的醋酸水溶液洗;被酸腐蚀时,用1%的碳酸氢钠水溶液洗。应及时脱下被化学药品污染的衣服。

4. 烧伤的预防及处理

(1)加热、浓缩液体的操作要十分小心,不能俯视正在加热的液体,以免溅出的液体将眼、脸灼伤。取下正在沸腾的水或溶液时,必须先用烧杯夹子摇动后才能取下使用,以防使用时突然沸腾溅出伤人。

(2)稀释硫酸时必须在烧杯等耐热容器内进行,而且必须在玻璃棒的不断搅拌下,仔细缓慢地将浓硫酸加入水中,而绝对不能将水加注到硫酸中。应在耐热容器内溶解氢氧化钠、氢氧化钾等发热物质。

(3)进行灼烧、蒸发等工作时,不能擅自离开实验室。烘箱不能作蒸发之用,能产生腐蚀性气体的物质或易燃烧的物质均不得放入烘箱内。

　　如为化学烧伤,必须立刻用大量水充分冲洗患处。如为有机化合物灼伤,用乙醇擦去有机物是特别有效的。溴灼伤,要先用乙醇擦至患处不再有黄色,然后涂上甘油以保持皮肤滋润。酸灼伤,先用大量水冲洗,以免深部受伤,再用稀 $NaHCO_3$ 溶液或稀氨水浸洗,最后用水洗。碱灼伤,先用大量水冲洗,再用1%的硼酸溶液或2%的醋酸溶液浸洗,最后用水洗。

　　如果着火,应立即离开着火处。若是烧瓶上的小火,通常只需用一块石棉网或表玻璃盖住瓶即可迅速将其熄灭。当用火时,手头备一块石棉网或表玻璃是一种习惯。若这一办法无效,就得用灭火器灭火。

　　万一衣服着火,切勿奔跑,要有目的地走向最近的灭火喷淋器。

　　如果烧伤,应立即用冷水冷却。轻度的火烧伤,用冰水冲洗是极有效的急救方法。如果皮肤并未破裂,可涂擦治疗烧伤用药物,以使患处及早恢复。当大面积的皮肤表面受到伤害时,可以先用湿毛巾冷却,然后用洁净纱布覆盖伤处以防止感染,随后立即送医院请医生处理。

　　5. 烫伤的预防及处理

　　(1)灼热的仪器不可直接与冷物体接触,以免破裂;不可和人体直接接触,以免烫伤;不可立即放入橱内或桌上,以免引起燃烧和灼焦;最好放在隔热材料上,使其自然冷却。

　　(2)通常玻璃瓶(如容量仪器)均不可任意加热,也不可用于溶解或进行其他反应,以免过热破裂或使量度不准确。密闭的玻璃仪器,不可任意加热,以免爆裂伤人。

　　被火焰、蒸汽、红热的玻璃或铁器等烫伤,应立即将伤处用大量水冲淋或浸泡,以迅速降温避免深度烧伤。若起水疱,不宜挑破。对轻微烫伤,可在伤处涂烫伤油膏或万花油。严重烫伤的应送医院治疗。

　　6. 割伤的预防及处理

　　在插入或拔出玻璃管、温度计或漏斗等的瓶塞时,要涂上水或凡士林等润滑剂,并用布垫手,以防玻璃管破碎时割伤手部。把玻璃管插入塞内时,必须握住塞子的侧面,不要把塞子撑在手掌上。

　　小规模割伤(经常是不正确地处理玻璃管、玻璃棒引起的),先将伤口处的玻璃碎片取出,用水洗净伤口,挤出一点血后,再消毒、包扎。也可在洗净的伤口贴上创可贴,可立即止血,且易愈合。

　　若严重割伤、出血多,必须立即用手指压住或把相应动脉扎住,使血不流出,包上压定布,而不能用脱脂棉。若压定布被血浸透,不要换掉,要再盖上一块施压,立即送医院治疗。

　　(三)现场取样安全注意事项

　　许多情况下,环境监测应在现场取样或现场测定,所以分析者应格外注意自身安全。一般现场取样时应注意以下事项:

　　(1)进入现场时根据需要佩戴安全帽。

　　(2)经过酸、碱、氨等管线下面时,如发现有滴漏现象,不得抬头仰望。

　　(3)登高取样时应注意安全,必要时应系安全带。

　　(4)不得在运动的设备上通行,禁止以电线作扶手,切忌靠近高压电线。

（5）自高压设备中取气体试样时，应先将气样通过减压设备，然后取样。

（6）取有害物质试样时，要完全消除有害物质与皮肤接触、侵入呼吸器官或消化道的可能性。根据具体情况，使用防毒面具、呼吸罩、强力橡皮手套、保护软膏和防护眼镜等。

三、实验预习、实验记录和实验报告

（一）预习与预习笔记

为了做好实验、避免发生事故，在实验前必须对所要做的实验有尽可能全面和深入的认识。这些认识包括实验的目的和要求，实验原理（化学反应原理和操作原理），实验所用试剂规格用量及产物的物理、化学性质，实验所用的仪器装置，实验的操作程序和操作要领，实验中可能出现的现象和可能发生的事故等。为此，需要认真阅读实验的有关章节（含理论部分、操作部分），查阅适当的手册，做出预习笔记。预习笔记也就是实验提纲，它包括实验名称、实验目的、实验原理、主要试剂和产物的物理常数、试剂规格用量、装置示意图和操作步骤。在操作步骤的每一步后面都需留出适当的空白，以供实验时做记录之用。

（二）实验记录

环境监测实验中有一点是很重要的，那就是要保存所做每个实验和每个数据的记录。完整收集和记录的数据、实验现象及结果对于科研和生产的成功有很大帮助。在实验中，除有良好的实验技术和操作方法外，还必须具备完整、真实地做好记录的本领。

将原始记录记在不耐用的纸上是实验中的一种坏习惯。数据都必须用不易褪色的墨水书写，绝不允许随意涂改。

当开始做预定实验时，应该把记录本放在近旁，以便把所做过的操作记在记录本上。必须把下列反应实施的经过记入记录本中：

（1）日期。

（2）计划实验的名称、目的、原理。

（3）引用的文献。

（4）写出必要的化学试剂和其他原料、溶剂，以及试剂的纯度和用量。

（5）实验步骤。用略图表示反应装置，把特别的操作技术或附加的装置也记入实验记录本中。详细记录实验过程，记下实验过程的操作和所观察到的现象，特别重要的是，要真实客观地记下对原有规程的改动和事先没有估计到的反常现象。记下颜色的变化、气体的放出和沉淀的生成。

（6）数据处理。在实验中要做到操作认真、观察仔细、积极思考。应该强调的是，实验过程的记录要清楚，有重现性。必须在实验进行的过程中记录，而不要根据记忆做记录。在实验操作完成之后，必须对实验进行总结，即讨论观察到的现象，分析出现的问题，整理归纳实验数据等。这是完成整个实验的一个重要组成部分，也是把各种实验现象提高到理性认识的必要步骤。

应该强调的是，实验记录中写错的部分可以用笔划去，但不能用修正液涂抹或用橡皮拭去，更不能撕毁。

(三)实验报告

实验报告是将实验操作、实验现象及所得的各种数据综合归纳、分析提高的过程,是把直接的感性认识提高到理性概念的必要步骤,也是向教师报告、与他人交流及储存备查的手段。实验报告是将实验记录整理而成的,不同类型的实验有不同的格式。环境监测实验报告的格式,包括实验名称、实验目的、实验原理、实验仪器、实验试剂、实验装置图、实验步骤(记录实验过程及实验现象)、数据记录及处理、结果与讨论。

填写实验报告应注意以下事项:

(1)条理清楚。

(2)详略得当,陈述清楚,又不烦琐。

(3)语言准确,除讨论栏外尽可能不使用"如果"、"可能"等模棱两可的字词。

(4)数据完整,重要的操作步骤、现象和实验数据不能漏掉。

(5)讨论栏可写实验体会、成功经验、失败教训、改进的设想等。如果实验做得平平淡淡,无甚体会,也无新的建议,则不讨论亦可。

(6)真实。无论装置图或操作规程,如果自己使用的或做的与书上不同,则按实际使用的装置绘制,按实际操作的程序记载,不要照搬书上的,更不可伪造实验现象和数据。

实验室的临时急救措施见表 1-1。

表 1-1　实验室的临时急救措施

种类		急救措施
灼伤	火灼	一度烫伤(发红):把棉花用酒精[无水或 $\varphi(C_2H_5OH)=90\%\sim96\%$]浸湿,盖于伤处或用麻油浸过的纱布盖敷; 二度烫伤(起疱):用上述处理也可,或用 $30\sim50$ g/L 的高锰酸钾或 50 g/L 的现制丹宁溶液处理; 三度烫伤:用消毒棉包扎,请医生诊治
	酸灼	1.若强酸溅撒在皮肤或衣服上,用大量水冲洗,然后用 50 g/L 的碳酸氢钠洗伤处(或用 1:9 的氢氧化铵洗之); 2.若为氢氟酸灼伤,用水洗伤口至苍白,用新鲜配制的 20 g/L 的氧化镁甘油悬液涂之; 3.眼睛酸伤,先用水冲洗,然后用 30 g/L 的碳酸氢钠洗,严重者请医生医治
	碱灼	强碱溅撒在皮肤或衣服上,用大量水冲洗,可用 20 g/L 的硼酸或 20 g/L 的醋酸洗之; 眼睛碱伤先用水冲洗,再用 20 g/L 的硼酸洗
创伤		若伤口不大,出血不多,可用 3% 的双氧水将伤口周围擦净,涂上红汞或碘酒,必要时撒上一些磺胺消炎粉。严重者须先涂上紫药水,然后撒上消炎粉,用纱布按压伤口,立即就医缝治
中毒		1.一氧化碳、乙炔、稀氨水及灯用煤气中毒时,应将中毒者移至空气新鲜流通处(勿使身体着凉),进行人工呼吸,输氧或二氧化碳混和气; 2.生物碱中毒,用活性炭水溶液灌入,引起呕吐; 3.汞化物中毒,误入口者,应吃生鸡蛋或牛奶(约 1 L)引起呕吐; 4.苯中毒,误入口者,应服腹泻剂,引起呕吐;吸入者进行人工呼吸,输氧; 5.苯酚(石炭酸)中毒,大量饮水,石灰水或石灰粉水,引起呕吐;

续表 1-1

种类	急救措施
中毒	6. NH_3 中毒,口服者应饮带有醋或柠檬汁的水,或植物油、牛奶、蛋白质,引起呕吐; 7. 酸中毒,饮入苏打($NaHCO_3$)水和水,吃氧化镁,引起呕吐; 8. 氟化物中毒,应饮 20 g/L 的氯化钙,引起呕吐; 9. 氰化物中毒,饮浆糊、蛋白、牛奶等,引起呕吐; 10. 高锰酸盐中毒,饮浆糊、蛋白、牛奶等,引起呕吐
其他	1. 各种药品失火:如果电失火,应先切断电源,用二氧化碳或四氯化碳等灭火,油或其他可燃液体着火时,除以上方法外,应用浸湿的衣服等扑灭; 2. 如果是工作人员触电,不能直接用手拖拉,离电源近的应切断电源,如果离电源远,应用木棒把触电者拨离电线,然后把触电者放在阴凉处,进行人工呼吸,输氧

四、实验室用水

(一)普通纯水

1. 纯水质量标准

水是最常用的溶剂,配制试剂、标准溶液、洗涤均需大量使用。它的质量对分析结果有着广泛和根本的影响,对于不同用途,应使用不同质量的水。纯水的级别与标准见表 1-2。

表 1-2　纯水的级别与标准

指标	I	II	III	IV
可溶性物质(mg/L)	<0.1	<0.1	<0.1	<2.0
电导率(25 ℃)(μS/cm)	<0.06	<1.0	<1.0	<5.0
电阻率(25 ℃)(MΩ·cm)	>16.66	>1.0	>1.0	>0.20
pH 值(25 ℃)	6.8~7.2	6.6~7.2	6.5~7.5	5.0~8.0
$KMnO_4$ 显色持续时间(最小)(min)	>60	>60	>10	>10

表 1-2 中的显色持续时间是指用这种水配制浓度($1/5KMnO_4$)为 0.01 mol/L 溶液的显色持续时间,它反映水中还原性杂质含量的多少。

在制备痕量元素测定用的标准水样时,最好使用相当于 ASTM-I 级的纯水;在制备微量元素测定用的标准水样时,使用 ASTM-II 级的纯水。

2. 纯水的制备

纯水的制备是将原水中可溶性和非可溶性杂质全部除去的水处理方法。制备纯水的方法很多,通常多用蒸馏法、离子交换法、电渗析法。

1)蒸馏法

以蒸馏法制备的纯水常称为蒸馏水,水中常含可溶性气体和挥发性物质。

蒸馏水的质量因蒸馏器的材料与结构的不同而异。制造蒸馏器的材料通常有金属、化学玻璃和石英玻璃三种,下面分别介绍几种不同的蒸馏器及其蒸馏水。

(1)金属蒸馏器。金属蒸馏器内壁为纯铜、黄铜、青铜,也有镀纯锡的。这种蒸馏所得水含有微量金属杂质,如含 Cu^{2+} 10～200 ppm(ppm 表示百万分之一,即 10^{-6},下同);电阻率为 30～100 kΩ·cm(25 ℃),只适用于清洗容器和配制一般试液。

(2)玻璃蒸馏器。玻璃蒸馏器由含低碱高硼硅酸盐的"硬质玻璃"制成,含二氧化硅约 80%,经蒸馏所得的水中含痕量金属,如含 Cu^{2+} 5 ppb(ppb 表示亿分之一,即 10^{-9},下同);还可能有微量玻璃溶出物,如硼、砷等。其电阻率为 100～200 kΩ·cm,适用于配制一般定量分析试液,不宜用于配制分析重金属或痕量非金属试液。

(3)石英蒸馏器。石英蒸馏器含二氧化硅 99.9% 以上。所得蒸馏水仅含痕量金属杂质,不含玻璃溶出物。其电阻率为 20～300 kΩ·cm。特别适用于配制对痕量非金属进行分析的试液。

(4)亚沸蒸馏器。它是由石英制成的自动补液蒸馏装置,其热源功率很小,使水在沸点以下缓慢蒸发,不存在雾滴污染问题,因此蒸馏水几乎不含金属杂质(超痕量),适用于配制除可溶性气体和挥发性物质外的各种物质的痕量分析用试液。亚沸蒸馏器常作为最终的纯水器与其他纯水装置(如离子交换纯水器)等联用,所得纯水的电阻率高达 16 MΩ·cm 以上,要注意保存,一旦接触空气,在 5 min 内迅速降至约 2 MΩ·cm。

另外,一次蒸馏的效果差,有时需要多次蒸馏。例如,第一次蒸馏时加入几滴硫酸,除去重金属;第二次蒸馏时加少许碱溶液,中和可能存在的酸;第三次蒸馏不加入酸或碱。

各种纯化法制得的纯水中所含几种痕量元素的量如表 1-3 所示。

表 1-3　水的各种纯化法

序号	纯化方法	痕量元素含量(μg/L)			
		Cu	Zn	Mn	Mo
1	铜制蒸馏器(内壁为锡)蒸馏	10	2	1	2
2	铜制蒸馏器(内壁为锡)蒸馏的蒸馏水用硬质(pyrex)玻璃蒸馏器蒸馏一次	1	0.12	0.2	0.002
3	铜制蒸馏器(内壁为锡)蒸馏的蒸馏水用硬质(pyrex)玻璃蒸馏器蒸馏二次	0.5	0.04	0.1	0.001
4	铜制蒸馏器(内壁为锡)蒸馏的蒸馏水用硬质(pyrex)玻璃蒸馏器蒸馏三次	0.4	0.04	0.1	0.001
5	硬质(pyrex)玻璃蒸馏器蒸馏一次	1.6	0		
6	耶纳(Jena)玻璃蒸馏器蒸馏一次	0.1	3		
7	Amberlite IR-100 树脂处理一次	3.5	0		

2)离子交换法

以离子交换法制备的水称为去离子水或无离子水。水中不能完全除去有机物和非电解质,因此较适用于配制痕量金属分析用的试液,而不适用于配制有机分析试液。

在实际工作中,常将离子交换法和蒸馏法联用,即将离子交换水再蒸馏一次或以蒸馏水代替原水进行离子交换处理,这样就可以得到既无电解质又无微生物及热原质等杂质的纯水。

3)电渗析法

一般采用电渗析法可制取电阻率为 2 MΩ·cm(18 ℃)的纯水。它具有比离子交换法的设备和操作管理简单、不需将酸碱再生使用的优点,实用价值较大。其缺点是在水的纯度提高后,水的电导率就逐渐降低,如继续增大电压,就会迫使水分子电离为 H^+ 和 OH^-,使大量的电耗在水的电离上,水质却提高得很少。目前,也有将电渗析法和离子交换法结合起来制备纯水的方法,即先用电渗析法把水中大量离子除去后,再用离子交换法除去少量离子,这样制得的纯水(已达 5 M ~ 10 MΩ·cm),不仅纯度高,而且有如下优点:

(1)不需将酸碱再生使用。

(2)易于设备化,易于搬迁,灵活性大。可以置于生产用水设备旁边,就地取纯水使用。

(3)操作方便。

3.纯水的检验

水质的检验方法较多,常用的主要有电测法和化学分析法两种,有时也用光谱法和极谱法。

1)电测法

电测法最简单,它是利用水中所含导电杂质与电阻率之间的关系,间接确定水质纯度的一种方法。在 25 ℃时,以电导仪测得水中电阻率在 5×10^5 MΩ·cm 以上者为去离子水。

2)化学分析法

(1)阳离子定性检查。取纯水 10 mL 于试管中,加入 3 ~ 5 滴氯化铵—氢氧化铵缓冲溶液(pH = 10),加少许铬黑 T 粉状指示剂(铬黑 T: 氯化钠 = 1:100,研磨混匀),搅拌待溶解后,若溶液呈天蓝色表示无阳离子存在,若溶液呈紫红色表示有阳离子存在。

(2)氯离子的定性检查。取纯水 10 mL 于试管中,加入 2 ~ 3 滴 1:1硝酸,2 ~ 3 滴 0.1 mol/L 的硝酸银,混匀,无白色浑浊出现即表示无氯离子存在。

(3)可溶性的定性检查。取纯水 10 mL 于试管中,加入 15 滴 1% 钼酸铵溶液,加入 8 滴草酸—硫酸混合酸(4% 草酸和 4 mol/L 的硫酸,按 1:3比例混合),摇匀。放置 10 min,加 5 滴 1% 硫酸亚铁铵溶液(硫酸亚铁铵溶液要新配制的),摇匀。若溶液呈蓝色,则表示有可溶性硅;否则,可认为无可溶性硅。

由于化学分析法过程比较复杂、操作麻烦、分析时间较长,因而一般都采用电测法,只有在无电导仪的情况下才采用化学分析法。

4.纯水的储存

制备好的纯水要妥善保存,不要暴露于空气中,否则由于空气中二氧化碳、氨、尘埃及其他杂质的存在,会使水质下降。由于非电解质无适当的检验方法,因此可用水中金属离子含量的变化来观察其污染情况,表 1-4 列出了纯水在不同容器中储存 2 周后其金属离子含量的变化情况。因纯水储存在硬质或涂石蜡的玻璃瓶中都会使金属离子含量增加,故宜储存于聚乙烯容器中或衬有聚乙烯膜的瓶中为妥,最好是储存于石英或高纯聚四氟乙烯容器中。

表1-4 容器与纯水中金属离子含量的变化

水样	储存容器	金属离子含量(μg/mL)				
		Al	Fe	Cu	Pb	Zn
蒸馏水经硬质玻璃蒸馏器重蒸馏		10.2	0.9	0.5	0.9	1.4
蒸馏水经硬质玻璃蒸馏器重蒸馏	储存于硬质玻璃瓶中经2周后	10.2	4.5	1.2	3.0	4.6
蒸馏水经硬质玻璃蒸馏器重蒸馏	储存于涂石蜡玻璃瓶中经2周后	15.0	10.5	1.4	4.1	5.6
蒸馏水通过离子交换树脂混合床处理		1.0	0.5	0.5	0.5	0.5
蒸馏水通过离子交换树脂混合床处理	储存于聚乙烯容量瓶中经2周后	1.3	1.5	0.6	1.5	1.5

(二)特殊要求的纯水

在分析某些指标时,对分析过程中所用纯水中的这些指标含量愈低愈好,这就需要某些特殊要求的蒸馏水。

1. 无氯水

加入亚硫酸钠等还原剂将自来水中的余氯还原为氯离子[以 DPD(DPD,N,N′-diethyl-p-phenylene-diamine,即 N,N′—二乙基－对苯二胺)检查不显色],再用附有缓冲球的全玻璃蒸馏器(以下各项中的蒸馏均同此)进行蒸馏制取。

2. 无氨水

向水中加入硫酸使其 pH 值小于2,并使水中各种形态的氨或胺最终都变成不挥发的盐类,收集馏出液即得(注意:避免实验室内空气中含有氨而重新污染,应在无氨气的实验室进行蒸馏)。

3. 无二氧化碳水

(1)煮沸法。将蒸馏水或去离子水煮沸至少 10 min (水多时),或者使水量蒸发 10%以上(水少时),加盖放冷即得。

(2)曝气法。将惰性气体或纯氨通入蒸馏水或去离子水至饱和即得。

制得的无二氧化碳水应储存于一个附有碱石灰管的橡皮塞盖严的瓶中。

4. 无砷水

一般蒸馏水或去离子水都能达到基本无砷的要求。应注意避免使用软质玻璃(钠钙玻璃)制成的蒸馏器、树脂管和储水瓶。在进行痕量砷的分析时,必须使用石英蒸馏器或聚乙烯的树脂管和储水桶。

5. 无铅(无重金属)水

用氢型强酸性阳离子交换树脂处理原水即得。注意储水器应预先做无铅处理。用 6 mol/L 的硝酸溶液浸泡过夜后,用无铅水洗净。

6. 无酚水

(1)加碱蒸馏法。向水中加入氢氧化钠至 pH 值为 11,使水中酚生成不挥发的酚钠后进行蒸馏制得(或同时加入少量高锰酸钾溶液使水呈紫红色,再进行蒸馏)。

(2)活性炭吸附法。将粒状活性炭加热至 150 ~ 170 ℃烘烤 2 h 以上进行活化,放入干燥器内冷却至室温后,装入预先盛有少量水(避免炭粒间存留气泡)的层析柱中,使蒸馏水或去离子水缓慢通过柱床,按柱容量大小调节其流速,一般以每分钟不超过 100 mL 为宜。开始流出的水(略多于装柱时预先加入的水量)必须再次返回柱中,然后正式收集。此柱所能净化的水量,一般约为所用炭粒表观容积的 1 000 倍。

7. 不含有机物的蒸馏水

加入少量高锰酸钾的碱性溶液于水中使之呈紫红色,再进行蒸馏即得(在整个蒸馏过程中水应始终保持紫红色,否则应随时补加高锰酸钾)。

五、化学试剂

(一)化学试剂的质量规格

化学试剂在分析监测实验中是不可缺少的物质,试剂的质量及实际选择恰当与否,将直接影响分析监测结果的成败,因此对从事分析监测的人员来说,应对试剂的性质、用途、配制方法等进行充分的了解,以免因试剂选择不当而影响分析监测的结果。表 1-5 是我国化学试剂等级与某些国家化学试剂等级的对照。

表 1-5　我国化学试剂等级与某些国家化学试剂等级的对照

质量次序		1	2	3	4	5
我国化学试剂等级标志	级别	一级品	二级品	三级品	四级品	生物试剂
	中文标志	保证试剂	分析试剂	化学试剂		
		优级纯	分析纯	化学纯	实验试剂	
	符号	G.R	A.R	C.P,R	L.R	B.R,C.R
	瓶签颜色	绿色	红色	蓝色	棕色等	黄色等
德、美、英等国通用等级和符号		G.R	A.R	C.P		
苏联等级和符号		化学纯 X.Ⅱ	分析纯 Ⅱ.Ⅱ.A	纯		

此外,还有一些特殊用途的所谓高纯试剂。例如,"色谱纯"试剂是在最高灵敏度以下无杂质峰来表示的;"光谱纯"试剂是以光谱分析时出现的干扰谱线的数目强度大小来衡量的,它不能认为是化学分析的基准试剂,这点必须特别注意;"放射化学纯"试剂是以放射性测定时出现干扰的核辐射强度来衡量的;"MOS"试剂是"金属 - 氧化物 - 半导体"试剂的简称,是电子工业专用的化学试剂,等等。

在环境样品的分析监测中,一级品可用于配制标准溶液;二级品常用于配制定量分析中的普通试液,在通常情况下,未注明规格的试剂,均指分析纯试剂(即二级品);三级品只能用于配制半定量或定性分析中的普通试液和清洁液等。

(二)试剂的提纯与精制

如一时找不到合适的分析试剂,可将化学纯或实验试剂经重结晶或蒸馏等提纯试剂的方法进行纯化,以降低杂质的含量和提高试剂本身的含量(%)。

1. 蒸馏法

蒸馏法适用于提纯挥发性液体试剂,如盐酸、氢氟酸、氢溴酸、高氟酸、氨水等无机酸和氯仿、四氯化碳、石油醚等多种有机溶剂。

2. 等温扩散法

等温扩散法适用于在常温下溶质强烈挥发的水溶液试剂,如盐酸、硝酸、氢氟酸、氨水等。此法设备简单,容易操作,所制得的产品纯度和浓度较高。缺点是产量小,耗时、耗酸较多。

此法常在玻璃干燥器中进行,将分别盛有试剂和吸收液(常为高纯水)的容器分放在隔板上下或同放在隔板上,密闭放置。

试剂和吸收液的比例按精制品所需浓度而定,试剂愈多、吸收液愈少,则精制品浓度愈高。例如,当浓盐酸与纯水的比例为 3∶1 时,则吸收液含氯化氢的最终浓度可高达 10 mol/L,扩散时间依气温高低而定,为 1~2 周。

3. 重结晶法

重结晶法是纯化固体物质的重要方法之一。利用被提纯化合物及杂质在溶剂中、在不同温度时溶解度的不同以分离出杂质,从而达到纯化的目的。

4. 萃取法

萃取法适用于某些能在不同条件下,分别溶于互不相溶的两种溶剂中试剂的精制。对有些试剂,可先配成试液,再用萃取法分离出其中的杂质以达到提纯的目的。

(1)萃取精制。用改变溶液酸碱性等条件,使溶质在两种溶剂间反复溶解、结晶而达到精制的目的。

(2)萃取提纯。某些试剂,如酒石酸钠、盐酸羟胺等,可在配成溶液后,用双硫腙的氯仿溶液直接萃取,以除去某些金属杂质(注意:冷原子吸收法测定汞时,所用盐酸羟胺试剂不能用此法提纯,以免因试液中的残留氯仿吸收紫外线而导致分析误差)。

(3)蒸发干燥。如将萃取液中的溶剂蒸发赶除,所得试剂可干燥后保存。对热不稳定的试剂,应低温或真空低温干燥。例如,双硫腙可放于真空干燥箱中,抽气减压并于 50 ℃干燥。

5. 醇析法

醇析法适用于在其水溶液中加入乙醇时即析出结晶的试剂,如 EDTA-Na_2、邻苯二甲酸氢钾、草酸等。

加醇沉淀是将试剂溶解于水中,使之成为近饱和溶液,慢慢加入乙醇至沉淀开始明显析出。过滤,弃去最初析出的少量沉淀,再向滤液中加入一定量的乙醇进行沉淀,直至不再有沉淀析出。过滤,以少量乙醇分次洗涤沉淀,于适当温度下干燥。

对某些在乙醇中易溶的试剂（如联邻甲苯胺），则可向其乙醇沉淀中加水，使沉淀析出，以进行提纯。

6.其他方法

有些试剂可在配成试液后，分别采用电解法、层析法、离子交换法、活性炭吸附法等进行提纯。提纯后的试液可直接使用或将溶剂分离后保存备用。

六、常用干燥剂

常用的干燥剂有无水 $CaCl_2$、变色硅胶、P_2O_5、MgO、Al_2O_3 和浓 H_2SO_4 等。干燥剂的性能以能除去产品水分的效率来衡量。表1-6 是一些无机干燥剂的种类及其相对效率。

表1-6　一些无机干燥剂的种类及其相对效率

干燥剂种类	残余水（$\mu g/L$）	干燥剂种类	残余水（$\mu g/L$）
$Mg(ClO_4)_2$	~1.0	变色硅胶	70
$BaO(96.2\%)$	2.8	$NaOH(91\%)$（碱石棉剂）	93
Al_2O_2（无水）	2.9	$CaCl_2$	13.7
P_2O_5	3.5	$NaOH$	~500
分隔筛5A（Linde）	3.2	CaO	656
$LiClO_4$（无水）	13		

注：残余水是将湿的含 N_2 气体，通到干燥剂上吸附，以一定方法称量得到的结果；变色硅胶是含 $CoCl_2$ 盐的二氧化硅凝胶，烘干后可重复使用。

七、常用器皿的性能和选用

(一)玻璃器皿

(1)软质玻璃又称为普通玻璃，主要成分是二氧化硅（SiO_2）、氧化钙（CaO）、氧化钾（K_2O）、三氧化二铝（Al_2O_3）、三氧化二硼（B_2O_3）、氧化钠（Na_2O）等。有一定的化学稳定性、热稳定性和机械强度，透明性较好，易于灯焰加工焊接。但热膨胀系数大，易炸裂、破碎。因此，多制成不需要加热的仪器，如试剂瓶、漏斗、量筒、玻璃管等。

(2)硬质玻璃又称为硬料，主要成分是二氧化硅（SiO_2）、碳酸钾（K_2CO_3）、碳酸钠（Na_2CO_3）、碳酸镁（$MgCO_3$）、硼砂（$Na_2B_4O_7 \cdot 10H_2O$）、氧化锌（ZnO）、三氧化二铝（Al_2O_3）等，也称为硼硅玻璃。如我国的"95 料"、GG-17 耐高温玻璃和美国的 pyrex 玻璃等。硬质玻璃的耐温、耐腐蚀及抗击性能好，热膨胀系数小，可耐较大的温差（一般在300 ℃左右），可制成加热的玻璃器皿，如各种烧瓶、试管、蒸馏器等。但不能用于 B、Zn 元素的测定。

此外，根据某些分析工作的要求，还有石英玻璃、无硼玻璃、高硅玻璃等。

容量器皿的容积并非都十分准确地和它标示的大小相符，如量筒、烧杯等，但定量器皿如滴定管、吸量管或移液管等，它们的刻度是否精确，常常需要校准。关于校准方法，可参考有关书籍。玻璃器皿的允许误差见表1-7。实验中最常用玻璃仪器用途及注意事项见表1-8。

表 1-7　玻璃器皿的允许误差

容积(mL)	误差限度(mL)			
	滴定管	吸量管	移液管	容量瓶
2		0.01	0.006	
5	0.01	0.02	0.01	
10	0.02	0.03	0.02	0.02
25	0.03		0.03	0.03
50	0.05		0.05	0.05
100	0.10		0.08	0.08
200				0.10
250				0.11
500				0.15
1 000				0.30

表 1-8　实验中最常用玻璃仪器用途及注意事项

仪器名称	用途及注意事项
烧杯、锥形瓶	加热时烧杯、锥形瓶应置于石棉网上,使受热均匀,所盛反应液体一般不能超过烧杯容积的 2/3
量筒	不能量取热的液体,不能加热,不可用作反应容器
移液管、吸量管	管口上无"吹出"字样者,使用时末端的溶液不允许吹出;不能加热
酸式、碱式滴定管	量取溶液时应先排除滴定管尖端部分的气泡,不能加热以及量取热的液体;酸、碱滴定管不能互换使用
漏斗	不能加热,不能量热的液体
抽滤瓶	不能用火加热;过滤用瓶与磨口瓶塞配套使用,不能互换
蒸发皿	能耐高温,但不能骤冷;蒸发溶液的时候一般放在石棉网上,也可直接用火加热
坩埚	依试样性质选用不同材料的坩埚,瓷坩埚加热后不能骤冷
干燥器	不得放入过热物体;温度较高的物体放入后,在短时间内应把干燥器开一两次,以免干燥器内产生负压
称量瓶	精确称量试样和基准物;质量小,可以直接在天平上称量;称量瓶盖要密合
研钵	视固体性质选用不同材质的研钵;不能用火加热,不能研磨易爆物质
分液漏斗	不能加热,玻璃活塞不能互换,用作分离和滴加
冷凝管	用做冷凝和回流,140 ℃以上时用空气冷凝器,回流冷凝器要直立使用
洗瓶	用蒸馏水洗涤沉淀和容器用,不能装自来水,塑料洗瓶不能加热
碘量瓶	用于碘量法;塞子及瓶口边缘磨口勿擦伤,以免产生漏隙;滴定时打开塞子,用蒸馏水将瓶口及塞子上的碘液洗入瓶内

(二)主要玻璃仪器的使用方法

环境监测实验中,最常用的玻璃仪器有滴定管、容量瓶、干燥器、移液管等。

1.滴定管

滴定管是用来准确测定流出溶液体积的量器。常用滴定管的容积为 25 mL 和 50 mL 两种,其最小刻度为0.1 mL。对于微量或半微量测定时,还可以使用容积为 10 mL、5 mL、2 mL 和 1 mL 的微量滴定管。相应的最小刻度为 0.05 mL 和 0.02 mL。

从形式上分,滴定管一般分为具塞酸式滴定管和无塞碱式滴定管两种。从颜色上分,滴定管又分为无色滴定管和棕色滴定管。其中,棕色滴定管主要用以装入见光分解的溶液,如硝酸银、硫代硫酸钠、高锰酸钾等。

(1)滴定管检查。酸式滴定管使用前,应检查旋塞与旋塞套是否配合紧密。如不密合,将会出现漏液现象。为了使旋塞转动灵活并克服漏液现象,需将旋塞涂凡士林油。涂油量应薄而均匀,旋转旋塞柄后,旋塞和旋塞套上的油脂层全部透明(注意不要堵塞旋塞孔)。然后套上小橡皮圈,以防旋塞从旋塞套中脱落(见图1-1)。

图 1-1　酸式滴定管的操作

碱式滴定管使用前应检查乳胶管和玻璃球是否完好。若胶管已老化,玻璃球过大(或过小),应予更换。

(2)滴定剂装入。装入溶液时,应将试剂瓶中的溶液摇匀,并将被滴定的溶液直接倒入滴定管中,不得借助其他容器转移。

溶液装入后,应检查是否有气泡。酸式滴定管中气泡的排除方法为:右手拿住滴定管上部无刻度处,并使滴定管稍微倾斜约30°,左手迅速打开旋塞使溶液冲出。若气泡仍未能排出,可用手握住滴定管,用力上下抖动。如仍不能使溶液充满出口管,可能是出口管未洗净,必须重洗。碱式滴定管中气泡的排除方法为:装满溶液后,左手拇指和食指拿住玻璃球所在部位并使乳胶管向上弯曲,出口管斜向上,然后在玻璃球部位往一旁轻轻捏橡皮管,使溶液从管口喷出,再一边捏乳胶管一边把乳胶管放直,注意应在乳胶管放直后,再松开拇指和食指,否则出口管仍会有气泡(见图1-2),最后应将滴定管的外壁擦干。

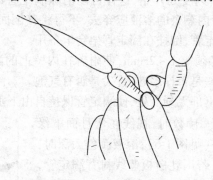

图 1-2　碱式滴定管排气泡的方法

(3)滴定。进行滴定时,应将滴定管垂直地夹在滴定管架上。无论使用哪种滴定管,都不要用右手操作,右手是用来摇动锥形瓶的。

使用酸式滴定管时,左手无名指和小指向手心弯曲,轻轻地贴着出口管,用其余三指控制旋塞的转动。但应注意不要向外拉旋塞,同时手心离旋塞末端应有一定距离,以免使旋塞移位而造成漏液。一旦发生这种情况,应重新涂油。

使用碱式滴定管时,左手无名指及小拇指夹住出口管,拇指与食指在玻璃球所在部位往一旁(左右均可)捏乳胶管,使溶液从玻璃球旁空隙处流出(见图1-3)(注意:不要用力捏玻璃球,也不能使玻璃球上下移动;不要捏到玻璃球下部的乳胶管,以免在管口处带入空气)。用锥形瓶或烧杯承接滴定剂。在锥形瓶中进行滴定时,用右手前三指拿住瓶颈,使瓶底离瓷板2~3 cm,同时调节滴定管的高度,使滴定管的下端伸入瓶口约1 cm。左手按前述方法滴加溶液,右手运用腕力(注意:不是用胳膊晃动)摇动锥形瓶,边滴边摇。图1-4是两手操作姿势。

在烧杯中进行滴定时不能摇动烧杯,应将烧杯放在白瓷板上,调节滴定管的高度,使滴定管下端伸入烧杯中心的左后方处,但不要靠壁过近(见图1-5)。右手持玻璃棒在右前方搅拌溶液。在左手滴加溶液的同时,搅拌棒应作圆周搅动,但不得接触烧杯壁和底部。当加半滴溶液时,用搅拌棒下端承接悬挂的半滴溶液,放入溶液中搅拌。滴定过程中,玻璃棒上沾有溶液,不能随便拿出。

图1-3　碱式滴定管的操作　　　图1-4　两手操作姿势　　　图1-5　在烧杯中的滴定操作

每次滴定最好都从"0"刻度处开始,这样可以消除滴定管刻度不准确而引起的系统误差。滴定结束后,滴定管内剩余的溶液应弃去,不得将其倒回原试剂瓶中,以免沾污整瓶操作溶液。随即洗净滴定管,倒挂在滴定管架台上备用。

装入或放出溶液后,必须等1~2 min,使附着在内壁上的溶液流下来,再进行读数。每次读数前要检查一下管壁是否挂水珠,管尖是否有气泡。

读数时用手拿滴定管上部无刻度处,使滴定管保持自由下垂。对于无色或浅色溶液,应读取弯月面下缘最低点。读数时,视线在弯月面下缘最低点处,且与液面呈水平(见图1-6);溶液颜色太深时,可读取液面两侧的最高点;若用乳白板蓝线衬背滴定管,应当取蓝线上下两尖端相对点的位置读数。无论哪种读数方法,都应注意初读数与终读数采用同一读数视线的位置标准。

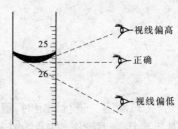

图1-6　读数时的视线

读取滴定前刻度数时,应将滴定管尖悬挂着的溶液除去。

滴定至终点时应立即关闭旋塞,不要使滴定管中的溶液有稍微流出,否则会带来较大误差。

2.容量瓶

容量瓶是一种细颈梨形的平底瓶,具磨口玻璃塞或塑料塞,瓶颈上刻有标线。瓶上标有它的容积和标定时的温度。当液体充满至标线时,瓶内所装液体的体积和瓶上标示的容积相同(量入式仪器)。常用的容量瓶有 10 mL、25 mL、50 mL、100 mL、250 mL、500 mL 和 1 000 mL 等多种规格,每种规格又有无色和棕色两种。

容量瓶主要是用来把精密称量的物质准确地配成一定容积的溶液,或将准确容积的浓溶液稀释成准确容积的稀溶液,这种过程通常称为定容。它常与吸量管配合使用,可将某种物质溶液分成若干等份,用以进行平行测定。

向容量瓶中转移液体和在容量瓶中混匀液体的操作见图1-7和图1-8。

图 1-7 转移溶液的操作   图 1-8 检查漏水和混匀溶液的操作

使用容量瓶时应注意以下问题:

(1)不宜在容量瓶内长期存放溶液(尤其是碱性溶液)。如溶液需较长时间使用,应将其转移入试剂瓶中,该试剂瓶预先应经过干燥或用少量该溶液淌洗 2~3 次。

(2)温度对量器的容积有影响,使用时要注意溶液的温度、室温以及量器本身的温度。

(3)不要长时间用手攥住瓶肚,以免由于温度的改变,影响容积。

3.干燥器

有些易吸水潮解的固体或灼烧后的坩埚等应放在干燥器内,以防吸收空气中的水分。干燥器是一种有磨口盖的厚质玻璃器皿,磨口上涂有一层薄薄的凡士林,以防水汽进入,并能很好地密合。干燥器的底部装有干燥剂(变色硅胶、无水氯化钙等),中间放置一块干净的带孔瓷板,用来盛放被干燥物品。打开干燥器时,应左手按住干燥器,右手按住盖的圆顶,向左(或向右)前方推开盖子,如图1-9(a)所示。温度很高的物体(例如灼烧过恒重的坩埚等)放入干燥器时,不能将盖子完全盖严,应该留一条很小的缝隙,待冷却后再盖严,否则易被内部热空气冲出打碎盖子,或者由于冷却后的负压使盖子难以打开。搬动干燥器时,应用两手的拇指同时按住盖子,以防盖子因滑落而打碎,如图1-9(b)所示。

4.移液管

移液管也是量出式仪器,一般用于准确量取一定体积的液体。

无分度移液管就称为移液管,它的中腰膨大,上、下两端细长,上端刻有环形标线,膨

图1-9　干燥器的使用

大部分标有它的容积和标定时的温度。常用移液管的容积有 1 mL、2 mL、5 mL、10 mL、25 mL、50 mL 等多种。由于读数部分管径小,其准确性较高。

有分度移液管又称为吸量管,可以准确量取所需的刻度范围内某一体积的溶液,但其精确度差一些。移液管在使用前应严格洗到内壁不挂水珠。移取溶液前,先用少量该溶液将移液管内壁洗 2～3 次,以保证转移的溶液浓度不变,然后把管口插入溶液中(在移液过程中,注意保持管口在液面之下,以防吸入空气),用洗耳球把溶液吸至稍高于刻度处,迅速用食指按住管口。取出移液吸管,使管尖端靠着储瓶口,用拇指和中指轻轻转动移液管,并减轻食指的压力,让溶液慢慢流出,同时平视刻度,到溶液弯月面下缘与刻度相切时,立即按紧食指(见图1-10)。使准备接受溶液的容器倾斜成 45°,将移液管移入容器中,使移液管垂直,管尖靠着容器内壁,放开食指,让溶液自由流出(见图1-11)。待溶液全部流出后,按规定再等 15 s,取出移液管。

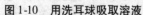

图1-10　用洗耳球吸取溶液

图1-11　移液管的使用

在使用非吹出式的移液管或无分度移液管时,切勿把残留在管尖的溶液吹出。移液管用毕应洗净,放在移液管架上。

(三)玻璃仪器的保管

各种玻璃仪器还要根据其特点、用途、实验要求等按不同方法加以保管,例如:

(1)移液管洗净后,用干净滤纸包住两端,置于有盖的搪瓷盘、盒中,垫清洁纱布。

(2)滴定管倒置于滴定架上,或盛满蒸馏水,上口加套指形管或小烧杯。使用中的滴定管(内装滴定液)在操作暂停时也应加套以防灰尘落入。

(3)清洁的比色皿、比色管、离心管要放在专用盒内,或倒置在专用架上。

（4）带磨口塞的清洁玻璃仪器，如量瓶、称量瓶、碘量瓶、试剂瓶等要衬纸加塞保存。

（5）凡有配套塞、盖的玻璃仪器，如比重瓶、称量瓶、分液漏斗、比色管、滴定管等都必须保持原装配套，不得拆散使用和存放。

（6）专用的组合式仪器、成套仪器，应洗净后再加罩防尘，或放在专门的包装盒内。

（四）玻璃器皿的洗涤

玻璃器皿的清洁与否直接影响实验结果的准确性与精密度，因此必须十分重视玻璃仪器的清洗工作。

实验室中所用的玻璃器皿必须是洁净的，洁净的玻璃器皿在用水洗过后，内壁应留下一层均匀的水膜，不挂有水珠。不同的玻璃器皿洗涤的方法不同，同时也要根据器皿被污染的情况选择适当的洗涤剂。

1. 洁净剂及使用范围

最常用的洁净剂是肥皂、肥皂液、洗衣粉、去污粉、洗液、有机溶剂等。肥皂、肥皂液、洗衣粉、去污粉用于用刷子直接刷洗的仪器，如烧杯、锥形瓶、试剂瓶、试管等。

洗液多用于不便使用刷子洗刷的仪器，如滴定管、移液管、容量瓶、比色管、量筒等刻度仪器或特殊形状的仪器等。有机溶剂是针对污物属于某一种类型的油腻性，而借助有机溶剂能溶解油脂的作用洗除之，或者借助某种有机溶剂能与水混合而又挥发快的特殊性，冲洗一下带水的仪器将水洗去，如甲苯、二甲苯、汽油等可以洗油垢，乙醇、乙醚、丙酮可以冲洗刚洗净而带水的仪器。

2. 洗涤液的制备及使用注意事项

1）强酸性氧化剂洗液

强酸性氧化剂洗液是用 $K_2Cr_2O_7$ 和 H_2SO_4 配制的，浓度一般为 3%～5%。配制 5% 的洗液 400 mL，取工业级。

2）碱性洗液

常用的碱性洗液有碳酸钠（Na_2CO_3，即纯碱）溶液、碳酸氢钠（$NaHCO_3$，即小苏打）溶液、磷酸钠（磷酸三钠）液、磷酸氢二钠，个别难洗的油污器皿也有用稀氢氧化钠溶液洗的。以上稀碱性洗液的浓度一般都在 5% 左右，碱性洗液用于洗涤有油污的仪器，因此洗液是采用浸泡法，或者长时间（24 h 以上）浸泡法。

3）有机溶剂

带有油脂性污物较多的器皿，如旋塞内孔、移液管尖头、滴定管尖头、滴管小瓶等可以用汽油、甲苯、二甲苯、丙酮、乙醇、三氯甲烷、乙醚等有机溶剂擦洗或浸泡。

3. 玻璃器皿的洗涤方法

1）常规洗涤法

对于一般的玻璃仪器，应先用自来水冲洗 1～2 遍除去灰尘。如用强酸性氧化剂洗涤时，应将水沥干，以免过多地耗费洗液的氧化能力。先用毛刷蘸取热肥皂液（洗涤剂或去污粉等）仔细刷净内外表面，尤其应注意容器磨砂部分，然后用水冲洗，洗至看不出有肥皂液时，用自来水冲洗 3～5 次，再用蒸馏水或去离子水充分冲洗 3 次。洗净的清洁玻璃仪器壁上应能被水均匀润湿（不挂水珠）。玻璃仪器经蒸馏水冲洗干净后，残留的水分用指示剂或 pH 试纸检查应为中性。

洗涤时应按少量多次的原则用水冲洗,每次充分振荡后倾倒干净。凡能使用刷子刷洗的玻璃仪器,都应尽量用刷子蘸取肥皂液进行刷洗,但不能用硬质刷子猛力擦洗容器内壁,因这样易使容器内壁表面毛糙、易吸附离子或其他杂质,影响测定结果或造成污染而难以清洗。测定痕量金属元素后的仪器清洗后,应用硝酸浸泡 24 h 左右,再用水洗干净。

2)不便刷洗的玻璃仪器的洗涤法

可根据污垢的性质选择不同的洗涤液进行浸泡或共煮,再按常规洗涤法用水冲净。

3)水蒸气洗涤法

有的玻璃仪器,主要是成套的组合仪器,除按上述要求洗涤外,还要安装起来用水蒸气蒸馏法洗涤一定的时间。例如,凯氏微量定氮仪,每次使用前应将整个装置连同接受瓶用热蒸汽处理 5 min,以便除去装置中的空气和前次实验所遗留的氨污染物,从而减少实验误差。

4)特殊清洁要求的洗涤

在某些实验中,对玻璃仪器有特殊的清洁要求,如分光光度计上的比色皿,测定有机物后,应用有机溶剂洗涤,必要时可用硝酸浸洗,但要避免用重铬酸钾洗液洗涤,以免重铬酸钾附着在玻璃上。用酸浸后,先用水冲净,再用去离子水或蒸馏水洗净凉干,不宜在较高温度的烘箱中烘干。如应急使用而要除去比色皿内的水分时,可先用滤纸吸干大部分水分后,再用无水乙醇或丙酮洗涤除尽残存水分,凉干即可使用。

4. 玻璃仪器的干燥

每次实验都应使用干净的玻璃仪器,所以应养成实验结束后立即洗净玻璃仪器的良好习惯。对于有些无水条件下进行的实验,也需要将玻璃仪器干燥后才能使用。常用的干燥方法如下。

(1)控干。将洗净的玻璃仪器倒置在滴水架上或专用柜内控水,让其在空气中自然干燥。倒置还有防尘作用。

(2)烘干。这是最常用的方法,其优点是快速、省时。将洗净的玻璃仪器置于 110 ~ 120 ℃的清洁烘箱内烘烤 1 h 左右,有的烘箱还可鼓风以驱除湿气。烘干后的玻璃仪器可以在空气中自然冷却,但称量瓶等用于精确称量的玻璃仪器,应在干燥器中冷却保存。任何量器均不得用烘干法干燥。

(3)吹干。急需使用干燥的玻璃仪器而不便于烘干时,可用电吹风机快速吹干,选择使用冷风或热风。各种比色管、离心管、试管、锥形瓶、烧杯等均可用此法迅速吹干。一些不宜高温烘烤的玻璃仪器如吸管、比重瓶、滴定管等也可用电吹风加快干燥。如果玻璃仪器带水较多,先用丙酮、乙醇、乙醚等有机溶剂冲洗一下,吹干更快。

(4)烤干。烤干的方法见图 1-12。有时也可以用酒精灯或红外线灯加热烤干。从玻璃仪器底部烤起,逐渐将水赶到出口处挥发掉,注意防止瓶口的水滴滴回烤热的底部引起炸裂。反复上述动作 2 ~ 3 次即可烤干。烤干法只适用于硬质玻璃仪器,有些玻璃仪器如比色皿、比色管、称量瓶、试剂瓶等不宜用图 1-12 烤干的方法干燥。

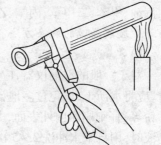

图 1-12　烤干的方法

八、瓷、石英、玛瑙、铂、银、镍、铁、塑料和石墨等器皿

(一)瓷器皿

实验室所用的瓷器皿实际上是上釉的陶器。因此,瓷器的许多性质主要由釉的性质决定。它的熔点(1 410 ℃)较高,可高温灼烧,如瓷坩埚可以加热至1 200 ℃,灼烧后质量变化小,故常常用来灼烧沉淀和称重。它的热膨胀系数为$(3 \sim 4) \times 10^{-6}$,在蒸发和灼烧的过程中,应避免温度的骤然变化和加热不均匀现象,以防破裂。瓷器皿对酸碱等化学试剂的稳定性较玻璃器皿的稳定性好,然而同样不能和氢氟酸接触,过氧化钠及其他碱性溶剂也不能在瓷器皿或瓷坩埚中熔融。

(二)石英器皿

石英器皿的主要化学成分是二氧化硅,除氢氟酸外,不与其他的酸作用。高温时,能与磷酸形成磷酸硅,易与碱及碱金属的碳酸盐作用,尤其在高温下,侵蚀更快,然而可以进行焦磷酸钾的熔融。石英器皿热稳定性好,在约1 700 ℃以下不变软,不挥发,但在1 100 ~ 1 200 ℃时开始失去玻璃光泽。由于其热膨胀系数较小,只有玻璃的1/15,故热冲击性好。石英器皿价格较贵,脆而易破裂,使用时须特别小心,其洗涤的方法大体与玻璃器皿相同。

(三)玛瑙器皿

玛瑙器皿是二氧化硅胶溶体分期沿石空隙向内逐渐沉积成的同心层或平层块体,可制成研钵和杵,用于土壤全量分析时研磨土样和某些固体试剂。

玛瑙质坚而脆,使用时可以研磨,但切莫将杵击撞研钵,更要注意勿摔落地上。它的导热性能不良,加热时容易破裂。所以,无论在任何情况下都不得烘烤或加热。玛瑙是层状多孔体,液体能渗入层间内部,所以玛瑙研钵不能用水浸洗,而只能用酒精擦洗。

(四)铂质器皿

铂的熔点(1 774 ℃)很高,导热性好,吸湿性小,质软,能很好地承受机械加工,常用铂与铱的合金(质较硬)制作坩埚和蒸发器皿等分析用器皿。铂的价格很贵,约为黄金的9倍,故使用铂质器皿时要特别注意其性能和使用规则。

铂对化学试剂比较稳定,特别是对氧很稳定,也不溶于单独的 HCl、HNO_3、H_2SO_4、HF,但易溶于易放出游离 Cl_2 的王水,生成褐红色稳定的络合物 H_2PtCl_6。其反应式为

$$3HCl + HNO_3 \longleftrightarrow NOCl + Cl_2 + 2H_2O$$

$$Pt + 2Cl_2 \longleftrightarrow PtCl_4$$

$$PtCl_4 + 2HCl \longleftrightarrow H_2PtCl_6$$

铂在高温下对一系列的化学作用非常敏感。例如,高温时能与游离态卤素(Cl_2、Br_2、F_2)生成卤化物,与强碱 $NaOH$、KOH、$LiOH$、$Ba(OH)_2$ 等共熔也能变成可溶性化合物,但 Na_2CO_3、K_2CO_3 和助溶剂 $K_2S_2O_7$、$KHSO_4$、$Na_2B_4O_7$、$CaCO_3$ 等仅稍有侵蚀,尚可忍受,灼热时会与金属 Ag、Zn、Hg、Sn、Pb、Sb、Bi、Fe 等生成比较易熔的合金。与 B、C、Si、P、As 等生成变脆的合金。

根据铂的这些性质,使用铂器皿时应注意下列各点:

(1)铂器皿易变形,勿用力捏或与坚硬物件碰撞。变形后可用木制模具整形。

(2)勿与王水接触,也不得使用 HCl 处理硝酸盐或 HNO_3 处理氯化物。但可与单独的强酸共热。

(3)不得熔化金属和一切高温下能析出金属的物质、金属的过氧化物、氰化物、硫化物、亚硫酸盐、硫代硫酸盐等,磷酸盐、砷酸盐、锑酸盐也只能在电炉(无碳等还原性物质)中熔融,赤热的铂器皿不得用铁钳夹取(须用镶有铂头的坩埚钳)并放在干净的泥三角架上,勿接触铁丝。石棉垫也须灼尽有机质后才能应用。

(4)铂器皿应在电炉上或喷灯上加热,不允许用还原焰,特别是有烟的火焰加热。灰化滤纸的有机样品时也须先在通风条件下低温灰化,然后移入高温电炉灼烧。

(5)铂器皿长久灼烧后有重结晶现象而失去光泽,容易裂损。可用滑石粉的水浆擦拭,恢复光泽后洗净备用。

(6)铂器皿洗涤可用单独的 HCl 或 HNO_3 煮沸溶解一般难溶的碳酸盐和氧化物,而酸的氧化物可用 $K_2S_2O_7$ 或 $KHSO_4$ 熔融,硅酸盐可用碳酸钠、硼砂熔融,或用 HF 加热洗涤。熔融物须倒入干净的容器,切勿倒入水盆或湿缸,以防爆溅。

(五)银、镍、铁器皿

铁、镍的熔点(分别为 1 535 ℃和 1 452 ℃)高,银的熔点(961 ℃)较低,对强碱的抗蚀力较强(Ag > Ni > Fe),价较廉。这 3 种金属器皿的表面却易氧化而改变重量,故不能用于沉淀物的灼烧和称重。它们最大的优点是可用于一些不能在瓷或铂坩埚中进行的样品熔融,例如 Na_2O_2 和 NaOH 熔融等,一般只需 700 ℃左右,仅约 10 min 即可完成。熔融时可用坩埚钳夹好坩埚和内熔物,在喷灯上或电炉内转动,勿使底部局部太热而致穿孔。铁坩埚一般可熔融 15 次以上,虽较易损坏,但价廉还是可取的。

(六)塑料器皿

普通塑料器皿一般是用聚乙烯或聚丙烯等热塑而成的聚合物。低密度的聚乙烯塑料,熔点为 108 ℃,加热不能超过 70 ℃;高密度的聚乙烯塑料,熔点为 135 ℃,加热不能超过 100 ℃,它的硬度较大。它们的化学稳定性和机械性能好,可代替某些玻璃、金属器皿。在室温下,不受浓盐酸、氢氟酸、磷酸或强碱溶液的影响,只能被浓硫酸(大于 600 g/kg)、浓硝酸、溴水或其他强氧化剂慢慢侵蚀。有机溶剂会侵蚀塑料,故不能用塑料瓶贮存。而贮存水、标准溶液和某些试剂溶液比玻璃容器优越,尤其适用于微量物质分析。

聚四氟乙烯的化学稳定性和热稳定性好,是耐热性能最好的有机材料,使用温度可达 250 ℃,当温度超过 415 ℃时,急剧分解。它的耐腐蚀性好,对于浓酸(包括氢氟酸)、浓碱或强氧化剂,皆不发生作用,可用于制造烧杯、蒸发皿、表面皿等。聚四氟乙烯制的坩埚能耐热至 250 ℃(勿超过 300 ℃),可以代替铂坩埚进行氢氟酸处理,塑料器皿对于微量元素和钾、钠的分析工作尤为有利。

(七)石墨器皿

石墨是一种耐高温材料,即使达到 2 500 ℃左右,也不熔化,只在 3 700 ℃(常压)时升华为气体。石墨有很好的耐腐蚀性,无论有机或无机溶剂都不能溶解它。在常温下不与各种酸、碱发生化学反应,只有在 500 ℃以上才与硝酸等强氧化剂反应。此外,石墨的热膨胀系数小,耐急冷热性也好;缺点是耐氧化性能差,随温度的升高,氧化速度逐渐加剧。常用的石墨器皿有石墨坩埚和石墨电极。

九、滤纸的性能与选用

滤纸分为定性和定量两种。定性滤纸灰分较多,供一般的定性分析用,不能用于定量分析。定量滤纸经盐酸和氢氟酸处理,并经蒸馏水洗涤,灰分较小,适用于精密的定量分析。此外,还有用于色谱分析用的层析滤纸。

选择滤纸要根据分析工作对过滤沉淀的要求和沉淀性质及其量的多少来决定。国产定量滤纸的性能和适用范围见表1-9、国产定量滤纸的规格见表1-10。

表 1-9 国产定量滤纸的性能和适用范围

类型	色带标志	性能和适用范围
快速	白	纸张组织松软,过滤速度最快,适用于保留粗度沉淀物,如氢氧化铁等
中速	蓝	纸张组织较密,过滤速度适中,适用于保留中等细度沉淀物,如碳酸锌等
慢速	红	纸张组织最密,过滤速度最慢,适用于保留微细度过沉淀物,如硫酸钡等

表 1-10 国产定量滤纸的规格

圆形直径(cm)	7	9	11	12.5	15	18
灰分每张含量(g)	3.5×10^{-5}	5.5×10^{-5}	8.5×10^{-5}	1.0×10^{-4}	1.5×10^{-4}	2.2×10^{-4}

定性滤纸的类型与定量滤纸相同(无色带标志),灰分含量小于 2 g/kg,国外某些定量滤纸的类型有 Whatman 41 S. S589/1(黑带)粗孔、Whatman 40 S. S589/2(白带)中孔、Whatman 42 S. S589/3(蓝带)细孔。

第二部分　环境监测实验指导

实验一　水中 pH 值的测定

pH 值是水中氢离子活度的负对数。$pH = -\lg\alpha_{H^+}$。

在工业和研究领域,pH 值的测量起着重要作用,以此来确定和控制酸度或碱度。pH 值是衡量一种溶液酸度或碱度的尺度。pH 值一般为 0~14,pH 值为 7 表示中性点和纯水的 pH 值。7 以上的 pH 值呈现越来越强的碱性,7 以下的 pH 值呈现越来越强的酸性。

天然水的 pH 值多为 6~9,这也是我国污水排放标准中的 pH 值控制范围。pH 值是水化学中常用的和最重要的检验项目之一。饮用水标准的 pH 值范围为 6.5~8.5。由于 pH 值受水温影响而变化,测定时应在规定的温度下进行,或者校正温度。通常采用玻璃电极法和比色法测定 pH 值。比色法简便,但受色度、浊度、胶体物质、氧化剂、还原剂及盐度的干扰。玻璃电极法基本不受上述因素的干扰。然而,pH 值在 10 以上时,产生"钠差",读数偏低,需选用特制的"低钠差"玻璃电极,或使用与水样的 pH 值相近的标准缓冲溶液对仪器进行校正。

本实验采用玻璃电极法测定 pH 值。

图 2-1 反映一些常见物质酸碱性的 pH 刻度。

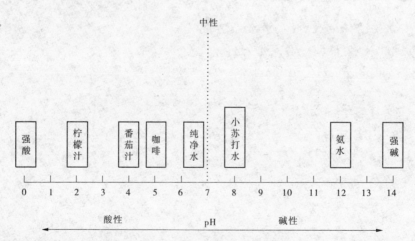

图 2-1　常见物质酸碱性的 pH 刻度

一、实验目的

掌握玻璃电极法测定 pH 值的方法及原理。

二、实验原理

以玻璃电极为指示电极,与参比电极组成电池。在 25 ℃理想条件下,氢离子活度变化 10 倍,使电动势偏移 59.16 mV,根据电动势的变化测量出 pH 值。两种电极结合在一起能组成复合电极。pH 计测量出玻璃复合电极的电压,电压转换成 pH 值,其结果被显示出来。

三、实验仪器

实验仪器为 pH 计(PB - 21)。

四、实验试剂

实验试剂有三种:pH 值等于 4.003 的缓冲液(邻苯二甲酸氢钾)、pH 值等于 6.864 的缓冲液(混合磷酸盐)和 pH 值等于 9.182 的缓冲液(硼砂)。

五、实验步骤

(1)将电极浸入到缓冲溶液中,搅拌均匀,直至达到稳定。

(2)按 Mode(转换)键,直至显示出所需要的 pH 值测量方式。

(3)在进行一个新的两点或三点校准之前,要将已经存储的校准点清除。使用 Setup(设置)键和 Enter(确认)键可清除已有缓冲液,并选择所需要的缓冲液组。

(4)按 Standardize(校正)键。pH 计识别出缓冲液并将闪烁显示缓冲液值。在达到稳定状态后,或通过按 Enter(确认)键,测量值即已被存储。

(5)pH 计显示的电极斜率为 100.0%。当输入第 2 种或第 3 种缓冲液时,仪器先进行电极检测,然后显示电极的斜率。

(6)为了输入第 2 种缓冲液,将电极浸入到第 2 种缓冲液中,搅拌均匀,并等到示值稳定后,按 Standardize(校正)键。pH 计识别出缓冲液,并在显示屏上显示出第 1 种和第 2 种缓冲液。

(7)当前 pH 计正进行电极检验。系统显示,电极是完好的"OK",还是有故障的"Error"。此外,还显示电极的斜率。

(8)"Error"表示电极有故障。电极斜率应在 90%～105%。在测量过程中产生出错误报警是不允许的。按 Enter(确认)键,以便清除错误报警并从步骤(6)处重新进行。

(9)为了设定第 3 个标准值,将电极插到第 3 种缓冲液中,搅拌均匀,并等示值稳定后,按 Standardize(校正)键,结果与步骤(6)和步骤(7)一样。此时,系统显示 3 种缓冲液值。

(10)输入每一种缓冲液后,"Standardizing"显示消失,pH 计回到测量状态。

六、实验记录与数据

实验记录与数据如下：

测试次数	1	2
pH 值		

七、实验提示

（1）为了校准 pH 计，至少使用两种缓冲液，待测溶液的 pH 值应处于两种缓冲液 pH 值之间。用磁搅拌器搅拌，可使电极响应速度更快。

（2）水样测定时，先用蒸馏水仔细冲洗电极，再用水样冲洗，然后将复合电极全部浸入水样中。

（3）为防止空气中二氧化碳溶入或水样中二氧化碳逸出，测定前不宜提前打开水样瓶塞。

（4）pH 计（PB – 21）用于水样监测可准确至 0.1 pH 单位。

八、实验结果与讨论

实验二　水中电导率的测定

电导率是以数字表示溶液传导电流的能力。纯水电导率很小,当水中含无机酸、碱或盐时,电导率增加。电导率常用于间接推测水中离子成分的总浓度。水溶液的电导率取决于离子的性质和浓度、溶液的温度和黏度。

电导率的标准单位是 S/m(西门子/米),一般实际使用单位为 $\mu S/cm$,单位间的互换为 1 mS/m = 0.01 mS/cm = 10 $\mu S/cm$。

新蒸馏水的电导率为 0.5 ~ 2 $\mu S/cm$,存放一段时间后,由于空气中的二氧化碳或氨的溶入,电导率可上升至 2 ~ 4 $\mu S/cm$;饮用水的电导率为 5 ~ 1 500 $\mu S/cm$;海水的电导率大约为 30 000 $\mu S/cm$;清洁河水的电导率约为 100 $\mu S/cm$。电导率随温度的变化而变化,温度每升高 1 ℃,电导率增加 2%,通常规定 25 ℃ 为测定电导率的标准温度。

电导率的测定方法是电导率仪法,电导率仪有实验室内使用的仪器和现场测试仪器两种。本实验使用的是实验室测试仪。

一、实验目的

掌握电导率的测定原理及测定方法。

二、实验原理

由于电导是电阻的倒数,因此将两个电极插入溶液中,可以测出两电极间的电阻 R,根据欧姆定律,温度一定时,这个电阻值与电极的间距 L(cm)成正比,与电极的截面面积 A(cm^2)成反比,即 $R = \rho L/A$。

由于电极的截面面积 A 和间距 L 都是固定不变的,故 L/A 是一常数,称电导池常数(以 Q 表示)。

比例常数 ρ 称作电阻率,其倒数 $1/\rho$ 称为电导率,以 K 表示。

$$S = 1/R = 1/\rho Q$$

式中　S——电导度,反映导电能力的强弱。

所以,$K = QS$ 或 $K = Q/R$。

当已知电导池常数,并测出电阻后,即可求出电导率。

三、实验仪器

实验仪器为电导率仪(DDSJ - 308A)。

四、实验步骤

(1)用蒸馏水清洗电导电极和温度传感器,再用被测液清洗一次,然后将电导电极和温度传感器浸入被测溶液中。

(2)开机。按下"ON/OFF"键仪器将显示厂标、仪器型号、名称,即"DDSJ - 308A 型电导率仪"。

（3）仪器有电导率、总溶解固态量（TDS）、盐度三种测量功能，按"模式"键可以在三种模式间进行转换。

例如：仪器开始为电导率测量状态，将显示如下：

```
T = 25.0 ℃

100.0          μS/cm

K:1.00

α:0.020          ▶电导
```

（4）电极常数设置功能。

电导电极出厂时，每支电极都标有一定的电极常数值，需将此值输入仪器。

例如：电导电极的常数为 0.98，则具体操作如下。

①在电导率测量状态下，按"电极常数"键，仪器显示：

```
▲选择：1.0

▲调节：1.000

按▲键调节▶电导

▼
```

其中，"选择"指选择电极常数档次，"调节"指调节当前档次下的电极常数值。用"▲"或"▼"键即可调节常数或选择档次。

②按"▲"或"▼"键修改到电极标出的电极常数值：0.98。

③按"确认"键，仪器自动将电极常数值 0.98 存入并返回测量状态，在测量状态中即显示此电极常数值。

（5）温度系数设置功能。

在电导率测量状态下，按"温补系数"键，仪器进入温补系数调节状态，显示如下：

```
转换

系数:0.020

调节▲ 按键          ▶系数

▼
```

一般水溶液电导率值测量的温度系数 α 选择 0.020，温度补偿的参比温度为 25 ℃。当温度传感器不接入仪器时，仪器无温度补偿作用，仪器显示值即为当时温度下的电导率值。

（6）贮存功能。

需要将当前测得的数据贮存起来，在测量状态下，按"贮存"键，仪器即将当前测量数据贮存起来。贮存时仪器显示当前的存贮号和存贮标志。下图为电导率测量模式下电导率存储时的显示示意图。存储完毕,仪器自动返回测量状态。

```
T = 25.0 ℃
100.0 μS/cm
   NO.12        ▶贮存
```

五、实验记录与数据

实验记录与数据如下:

测试次数	1	2
电导率测定值		

六、实验提示

(1)电导率测量范围为 $0 \sim 1.999 \times 10^5$ μS/cm,共分六档量程,六档量程间自动切换。

(2)测量高电导率时,一般采用大常数的电导电极。

(3)本仪器设计有五种电极常数档次值,即 0.01、0.1、1.0、5.0 和 10.0。

七、实验结果与讨论

实验三　水中浊度的测定

　　水中的浊度是天然水和饮用水的一项重要水质指标。浊度是由于水中含有泥沙、细沙、有机物、无机物、浮游生物、微生物和胶体等悬浮物质,对进入水中的光产生散射或吸收,从而表现出浑浊现象。浊度就是反映水中悬浮物质对光线透过时所发生的阻碍程度的指标。天然水经过混凝、沉淀和过滤等处理,使水变得清澈。我国采用 1 L 蒸馏水中含有 1 mg 二氧化硅所产生的浊度为 1 度。常用测定方法有目视比浊法、分光光度法和浊度计法。

　　样品收集于具塞玻璃瓶内,应在取样后尽快测定。如需保存,可在 4 ℃冷藏、暗处保存 24 h,测定前激烈振荡水样并恢复到室温。

一、实验目的

掌握浊度计的测量原理及测量方法。

二、方法原理

　　根据 ISO7027 国际标准设计进行测量,利用一束红外线穿过含有待测样品的样品池,光源为具有 890 nm 波长的高发射强度的红外发光二级管,以确保样品颜色引起的干扰达到最小。传感器处在发射光线垂直的位置上,它测量由样品中悬浮颗粒散射的光亮,微电脑处理器再将该值转化为浊度值。

三、实验仪器

实验仪器为哈纳微电脑多用途浊度计。

四、精确测量

　　(1)使用玻璃比色皿时,应以比较均匀的力将盖拧紧。

　　(2)所有盛放标样和样品的玻璃器皿应保持清洁,读完数后将废弃的样品倒掉,避免腐蚀比色皿。

　　(3)将样品收集在干净的玻璃瓶或塑料瓶内,盖好并迅速进行分析。

　　(4)为了获得具有代表性的样品,取样前轻轻但完全搅拌样品。

　　(5)在玻璃比色皿插入仪器前,先用无绒软布擦拭;手拿比色皿的上部,不能让指纹留在光通过的区域。

　　(6)为了提高测量精度,应增加校准次数。

五、干扰及消除

　　(1)当出现漂浮物和沉淀物时,读数不准确。

　　(2)气泡和震动将会破坏样品的表面,得出错误的结论。

　　(3)有划痕或玷污的比色皿都将会影响测定结果。

六、测量步骤

(1)按 ON/OFF 键将仪器打开。

(2)仪器将进行一系列功能自检,显示自检代码。

(3)仪器自动检查电池电量,并显示剩余电量的百分比。

(4)当 LCD 显示"———",仪器准备好测量。

(5)在盖紧保护黑盖前,允许有足够的时间让气泡逸出。

(6)在试管插入测量池之前,先用毛绒布(HI 731318)将其擦干净,必须保持比色皿无指纹、油脂、脏物,特别是光通过的区域(大约距比色皿底部 2 cm 处)。

(7)将试管插入测量池内,检查盖上的凹口是否与槽相吻合。

(8)保护黑盖上的标志应与 LCD 上的箭头相对。

(9)按下 READ▲键,LCD 显示"SIP"(正在测样过程中)并闪烁,大约 20 s 后浊度值就会显示出来(若数值小于 40 度,可直接读出浊度值)。

七、实验记录与数据

实验记录与数据如下:

测试次数	1	2
浊度		

八、计算

若数值超过 40 度,标准方案要求水样需进行稀释。读出未经稀释样品的浊度值 T_1,则取样体积 $V = 3\ 000/T_1$,用无浊度水定容至 100 mL。

$$浊度(度) = T_2 \times 100/V$$

式中　T_2——稀释后的浊度值。

九、实验提示

(1)无浊度水:将蒸馏水通过 0.2 μm 滤膜过滤。

(2)样品收集于具塞玻璃瓶内,应在取样后尽快测定。如需保存,可在 4 ℃冷藏、暗处保存 24 h,测定前激烈振荡水样并恢复到室温。

十、实验结果与讨论

实验四　水中色度的测定

水中色度是水质指标之一。规定 1 mg 铂/L 和 0.5 mg 钴/L 水中所具有的颜色为 1 度,作为标准色度单位。

水的颜色定义为"改变透射可见光光谱组成的光学性质",分为表观颜色和真实颜色。其中,真实颜色是指去除浊度后水的颜色,表观颜色是指未经过过滤或离心的原始水样的颜色。

测定真色时,如水样浑浊,应放置清澈后,取上清液或用孔径为 0.45 μm 的滤膜过滤。也可经离心后再测定。没有去除悬浮物的水具有的颜色,包括了几乎不溶解的悬浮物所产生的颜色,称为表观颜色,测定未经过过滤或离心的原始水样的颜色即为表观颜色。对于清洁的或浊度很低的水,这两种颜色相近。对着色很深的工业废水,其颜色主要由胶体和悬浮物所造成,故可根据需要测定表观颜色或真实颜色。

常用测定方法有铂钴标准比色法、稀释倍数法、色度仪法。

一、实验目的

掌握色度仪的测定原理及方法。

二、实验原理

光电比色原理。

三、实验仪器

实验仪器为色度仪。

四、精确测量

(1)开启电源开关,预热 30 min。
(2)用不落毛软布擦净比色杯上的水迹和指纹。
(3)准备好校零用的 0 色度水及配制校准用的 50 度色度溶液。
(4)用一个清洁的容器采集具有代表性的样品。
(5)为了提高测量精度,应增加校准次数。

五、干扰及消除

(1)使用环境必须符合工作条件。
(2)测量池内必须长时间清洁干燥、无灰尘,不用时须盖上遮光板。
(3)被测溶液应沿试样杯壁小心倒入,防止产生气泡,影响测量的准确性。

六、测量步骤(SD9011 色度仪的测量步骤)

(1)将 0 色度溶液倒入比色杯内 2/3 位置,擦净瓶体的水迹及指印,同时应注意启放时不可用手直接拿杯体的左右侧,以免留上指印,影响测量精度。

(2)将装好的 0 色度溶液比色杯置入试样座内,并保证比色杯的标记面应面向操作者,然后盖上遮光盖。

(3)稍等读数稳定后调节调零按钮,使显示为 000。

(4)采用同样的方法装置校准用的 50 度色度溶液,并放入试样座内,调节校正钮,使显示为标准值 050。

(5)重复步骤(2)、(3)、(4),保证零点及校正值正确可靠。

(6)倒掉 0 色度溶液,采用同样的方法装好样品溶液,并放入试样座内,等读数稳定后即可记下水样的色度值。

七、实验记录与数据

实验记录与数据如下:

测试次数	1	2
色度		

八、实验提示

(1)pH 值对色度有较大的影响,pH 值高时往往色度加深,在测定色度的同时,应测量溶液的 pH 值。

(2)如果样品中有泥土或其他分散很细的悬浮物,虽经预处理但得不到透明水样时,则只测其表色。

(3)如水样浑浊,则放置澄清,亦可用离心法或用孔径为 0.45 μm 的滤膜过滤以去除悬浮物;但不能用滤纸过滤,因滤纸可吸收部分溶解于水的颜色。

九、实验结果与讨论

实验五　水中碱度的测定

一、实验目的

掌握双指示剂法测定水中碱度的方法,掌握碱度的计算方法。

二、实验原理

碱度测定采用中和法。在水样中加入适当的指示剂,再用标准酸溶液滴定,当达到一定的 pH 值时,指示剂的颜色就发生改变,从而判断出滴定终点。以此可分别测出水样中所含的各种碱度。

首先用酚酞作指示剂,水样用标准酸溶液滴至由红色变为无色时,指示水中(OH^-)被中和,而碳酸盐(CO_3^{2-})只被中和了一半,这时消耗标准溶液记作 $P(mL)$,其反应式为

$$OH^- + H^+ = H_2O$$
$$CO_3^{2-} + H^+ = HCO_3^-$$

其次用甲基橙作指示剂,滴定至溶液由黄色变为橙色时,表示水中的重碳酸盐(HCO_3^-)已被中和,其反应式为

$$HCO_3^- + H^+ = H_2O + CO_2$$

这时消耗的酸标准溶液记作 $M(mL)$,则总体积为

$$T = P + M$$

根据达到两个终点所消耗酸溶液的体积,可计算出碳酸盐、重碳酸盐的碱度和总碱度。

三、实验仪器

实验仪器有酸式滴定管(50 mL)、移液管(20 mL)、锥形瓶(150 mL)、容量瓶(1 000 mL)、洗瓶(500 mL)、洗耳球、试剂瓶(60 mL)。

四、实验试剂

实验试剂有盐酸标准溶液、甲基橙指示剂和酚酞指示剂。

五、实验步骤

(1)用移液管移取两份水样和一份无 CO_2 蒸馏水各 20 mL,分别放入 150 mL 锥形瓶中,加两滴酚酞指示剂,摇匀。

(2)若溶液呈现红色,用盐酸标准溶液滴定至由红色褪至刚好无色(可与无 CO_2 蒸馏水的锥形瓶比较)。记录盐酸的体积 $P(mL)$。如果加酚酞指示剂后溶液不呈现红色,说明无酚酞碱度,则不需要用盐酸标准溶液滴定,可进行下一步操作。

(3)于上述锥形瓶中再加两滴甲基橙指示剂,摇匀。用上述盐酸标准溶液滴至溶液由黄色变为橙色,记录消耗的盐酸标准溶液的体积 $M(mL)$。如果加甲基橙指示剂后溶液

呈现橙色,说明无甲基橙碱度,则不需要用盐酸标准溶液滴定。

实验结果记录如下:

实验编号	1	2
酚酞指示剂		
滴定管终读数(mL)		
滴定管初读数(mL)		
P(mL)		
平均值(mL)		
甲基橙指示剂		
滴定管终读数(mL)		
滴定管初读数(mL)		
M(mL)		
平均值(mL)		

六、计算

$$酚酞碱度(以 CaCO_3, mg/L 计) = \frac{P \times C \times 50.05 \times 1\,000}{V_{水样}}$$

$$甲基橙碱度(以 CaCO_3, mg/L 计) = \frac{M \times C \times 50.05 \times 1\,000}{V_{水样}}$$

$$总碱度(以 CaCO_3, mg/L 计) = \frac{T \times C \times 50.05 \times 1\,000}{V_{水样}}$$

式中 P、M、T——消耗的盐酸标准溶液体积,mL,$T = P + M$;

  $V_{水样}$——水样体积,mL;

  C——盐酸标准溶液浓度,mol/L;

  50.05——碳酸钙($\frac{1}{2}CaCO_3$)摩尔质量,g/mol。

七、实验提示

(1)水样浑浊、有颜色对碱度测定有干扰,可除色后用过滤法使之澄清,也可用电位滴定法测定。

(2)滴定到达终点时,要充分摇动锥形瓶,以免对测定结果有影响。

(3)当水样中总碱度小于 20 mg/L 时,需用 0.01 mol/L 的盐酸标准溶液滴定,或改用 10 mL 的微量滴定管,以提高测定精度。

(4)若水样中含有游离 CO_2,则不存在碳酸盐,可直接以甲基橙作指示剂进行滴定。

（5）测定废水取样量，取决于滴定时盐酸的用量，盐酸用量控制在 10～20 mL 为宜。

（6）计算结果保留至小数点后第二位。

八、实验结果与讨论

实验六　水中硬度的测定

一、实验目的

了解水的硬度的概念,测定水的硬度的意义,以及水的硬度的表示方法;掌握水中硬度的测定原理,水中硬度的测定方法及计算。

二、实验原理

在 pH = 10 的 NH_3—NH_4Cl 缓冲溶液中,铬黑 T 与水中 Ca^{2+}、Mg^{2+} 形成紫红色络合物,然后用 EDTA 二钠标准溶液滴定水样,滴定至终点时,置换出铬黑 T 使溶液由紫红色变为亮蓝色,即为终点。由 EDTA 二钠标准溶液的浓度和用量可计算出水样的总硬度。

当 pH > 12 时,Mg^{2+} 以 $Mg(OH)_2$ 沉淀形式被掩蔽,加钙指示剂,用 EDTA 二钠标准溶液滴定水样,滴定至溶液由紫红色变为蓝色,即为终点。由 EDTA 二钠标准溶液的浓度和用量可计算出水样的钙的硬度。

三、实验仪器

实验仪器有酸式滴定管(50 mL)、锥形瓶(150 mL)、移液管(1 mL、2 mL、5 mL、20 mL)、容量瓶(1 000 mL)、洗瓶(500 mL)、洗耳球、试剂瓶(60 mL)、电炉。

四、实验试剂

实验试剂有 EDTA 二钠标准溶液、盐酸(1:4)、氨缓冲溶液(pH = 10)、铬黑 T、钙指示剂、2 mol/L 的 NaOH 溶液、三乙醇胺溶液、Na_2S 溶液。

五、操作步骤

(一) 总硬度的测定

(1)用移液管移取 20 mL 水样两份,分别放入 150 mL 锥形瓶中。加入 5 滴盐酸溶液(1:4)酸化,煮沸,以除去 CO_2,冷却至室温。

(2)加入 0.5 mL 的三乙醇胺溶液,掩蔽 Fe^{3+}、Al^{3+} 等。

(3)加入 0.5 mL 的 Na_2S 溶液,掩蔽 Cu^{2+}、Zn^{2+} 等重金属离子。

(4)加入 3.5 mL 的氨缓冲溶液(pH = 10)。

(5)加 0.2 g 铬黑 T 指示剂,溶液呈现紫红色。

(6)立即用 EDTA 二钠标准溶液滴定至蓝色,即为终点(滴定时充分摇动,使反应完全)。记录 EDTA 二钠标准溶液的用量($V_{总硬度}$)。

(二) 钙硬度的测定

(1)用移液管移取 20 mL 水样两份,分别放入 150 mL 锥形瓶中。加入 5 滴盐酸溶液(1:4)酸化,煮沸,以除去 CO_2,冷却至室温。

(2)加入 2 mL 2 mol/L 的 NaOH 溶液 (此时水样的 pH 值为 12 ~ 13)。

（3）加 0.2 g 钙指示剂,溶液呈现紫红色。

（4）立即用 EDTA 二钠标准溶液滴定至蓝色,即为终点(滴定时充分摇动,使反应完全)。记录 EDTA 二钠标准溶液的用量($V_{Ca^{2+}}$)。

（三）实验结果记录

实验结果记录如下:

实验编号	1	2
$V_{总硬度}$（mL）		
平均值（mL）		
总硬度（mmol/L）（以 CaCO$_3$ 计,mg/L）		
$V_{Ca^{2+}}$（mL）		
平均值（mL）		
钙硬度（Ca^{2+},mg/L）		

六、实验计算

（一）水样中总硬度的计算

$$总硬度（mmol/L）= \frac{C_{EDTA} \times V_{总硬度} \times 1\,000}{V_{水样}}$$

$$总硬度（以 CaCO_3 计,mg/L）= \frac{C_{EDTA} \times V_{总硬度} \times M \times 1\,000}{V_{水样}}$$

式中 C_{EDTA}——EDTA 二钠标准溶液的浓度,mol/L;

       $V_{总硬度}$——测定水样消耗的 EDTA 二钠标准溶液的平均体积,mL;

       M——碳酸钙的摩尔质量,100.1 g/mol;

       $V_{水样}$——水样体积,mL。

（二）水样中钙硬度的计算

$$钙硬度（Ca^{2+},mg/L）= \frac{C_{EDTA} \times V_{Ca^{2+}} \times M \times 1\,000}{V_{水样}}$$

式中 C_{EDTA}——EDTA 二钠标准溶液的浓度,mol/L;

       $V_{Ca^{2+}}$——测定水样消耗的 EDTA 二钠标准溶液的平均体积,mL;

       M——钙的摩尔质量,40.08 g/mol;

       $V_{水样}$——水样体积,mL。

七、注意事项

（1）了解水的硬度的概念。水的硬度最初是指钙、镁离子沉淀肥皂的能力。水的总硬度指水中钙、镁离子的总浓度,其中包括碳酸盐硬度(即通过加热能以碳酸盐形式沉淀下来的钙、镁离子,又称暂时硬度)和非碳酸盐硬度(即加热后不能沉淀下来的那部分钙、镁离子,又称永久硬度)。

　　硬度的表示方法尚未统一,目前我国使用较多的表示方法有两种:一种是将所测得的钙、镁折算成 CaO 的质量,即以每升水中含有 CaO 的毫克数表示,单位为 mg/L;另一种是以度(°)计:1 硬度单位表示 10 万份水中含 1 份 CaO(即每升水中含 10 mg CaO),$1° = 10$ ppm CaO。这种硬度的表示方法称作德国度。

　　我国生活饮用水卫生标准规定以 $CaCO_3$ 计的硬度不得超过 450 mg/L。

　　(2)掌握滴定速度应先快后慢,即加入缓冲溶液后立即在 5 min 内完成滴定,否则将使结果偏低。测定总硬度的时候在临近终点时应慢滴多摇,最好每滴间隔 2 ~ 3 s。

　　(3)测定总硬度时,调节水样 pH 值为 10;测定钙硬度时,调节水样 pH 值为 12 ~ 13。

　　(4)若测定水样中有 Fe^{3+}、Al^{3+} 干扰,可加入 1∶1 三乙醇胺掩蔽;若水样中有 Cu^{2+}、Zn^{2+} 干扰,可加入 2% 的 Na_2S 溶液,生成 CuS 及 ZnS 沉淀,从而消除上述干扰。无上述干扰不需要加掩蔽剂,注意加入掩蔽剂掩蔽干扰离子时,掩蔽剂要在指示剂之前加入。

八、实验结果与讨论

实验七　水中氯离子的测定

　　氯化物广泛分布于天然水中,但含量范围很大。未被污染的河流、湖泊、地下水等的氯离子含量一般为 10～20 mg/L,而在海水、盐湖中的含量则相对较高。在人类的生产生活中离不开氯化物,所以氯化物也成为生活污水和工业废水中一种常见的无机阴离子。

　　地表水中氯化物的来源主要分为自然发生源和人为发生源两类。

　　自然发生源有两个主要来源:其一是水源流过含氯化物的地层,导致食盐矿床和其他含氯沉积物在水中的溶解;其二是接近海边的河水或江水往往有时受潮水及海洋上吹来的风的影响,水中的氯化物含量就会升高。

　　化工、石油化工、化学制药、造纸、水泥、肥皂、纺织、油漆、颜料、食品、机械制造和鞣革等行业排放的工业废水中所含的氯化物是地表水中氯化物污染的主要来源。生活污水中氯化物的含量较低,但也是地表水中氯化物污染的重要来源之一。

　　氯离子是保持人体细胞内外体液量、渗透压以及水和电解质平衡不可缺少的要素。当氯化物含量过高时,可干扰人体电解质平衡,使人体细胞外渗透压增加,导致细胞失水,代谢过程出现故障。当水中的氯离子达到一定浓度时,常常和相对应的阳离子 Na^+、Ca^{2+}、Mg^{2+} 等共同作用,使水产生不同的味觉,使水质产生感官性状的恶化。在工业废水和生活污水中的氯化物含量较高,不进行处理直接排入水体,会破坏水体的自然生态平衡,使水质恶化,导致渔业生产、水产养殖和淡水资源的破坏,严重时还会污染地下水和饮用水源。当氯化物含量大于 250 mg/L 时,则不适合作饮用水。

　　含有少量氯化物的饮用水通常是无毒性的,当饮用水中的氯化物含量超过 250 mg/L 时,人对水的咸味开始有味觉感官,当饮用水中的氯化物含量为 250～500 mg/L 时,对人体正常生理活动没有影响;当饮用水中的氯化物含量大于 500 mg/L 时,对胃液分泌、水代谢有影响,且对配水系统有腐蚀作用。

一、实验目的

　　掌握莫尔法测定水中氯离子的原理和方法。本方法适用于水样中氯离子的测定,其范围小于 100 mg/L。

二、实验原理

　　在中性介质中,硝酸银与氯化物反应生成氯化银白色沉淀,当水样中氯离子全部与硝酸银反应后,过量的硝酸银与铬酸钾指示剂反应生成砖红色铬酸银沉淀。

三、实验仪器

　　实验仪器有三角烧瓶(250 mL)、酸式滴定管(50 mL)、移液管(50 mL)、容量瓶(1 000 mL)、洗瓶(500 mL)、洗耳球。

四、实验试剂

(1)硝酸银标准溶液：0.1 mol/L。

(2)铬酸钾指示剂：5%的水溶液。

五、实验步骤

量取 50 mL 水样于三角烧瓶中,加三滴铬酸钾指示剂,用硝酸银标准溶液滴定至砖红色,同时以蒸馏水做空白试验,实验结果记录如下：

实验编号	1	2	空白
水样测定	V_1	V_1	V_0
滴定管终读数(mL)			
滴定管初读数(mL)			
硝酸银标准溶液用量			
氯化物(Cl^-,mg/L)			

六、实验计算

$$氯化物(Cl^-,mg/L) = \frac{(V_1 - V_0)C \times 35.453 \times 1\,000}{V_{水样}}$$

式中　C——硝酸银标准溶液浓度,mol/L；

V_1——试样滴定消耗的硝酸银标准溶液体积,mL；

V_0——空白滴定消耗的硝酸银标准溶液体积,mL；

35.453——氯离子的摩尔质量,g/mol。

七、实验提示

(一)调节好水样的酸碱度

硝酸银滴定法不能在酸性或碱性介质中进行,酸性太强,CrO_4^{2-} 容易水解,Ag_2CrO_4 砖红色沉淀出现过迟,甚至不会沉淀；碱性太强容易造成 Ag_2O 沉淀,所以适宜的 pH 值范围为 6.5 ~ 10.5。

(二)准确消除干扰物

遇到干扰影响测定,又不知道是什么物质时,可以先了解一下其他项目的测定值,比如高锰酸盐指数,再按要求对水样进行相应的预处理,同时可以和水的硬度作比对,因为氯化物含量高的水,往往硬度也比较大。

(三)控制好铬酸钾指示剂的浓度和用量

在 50 ~ 100 mL 滴定液中加入 5% 的铬酸钾溶液 1 mL 为宜。若铬酸钾浓度过高,终点出现过早,且溶液颜色过深,影响终点的观察；若铬酸钾浓度过低,终点出现过迟,也影响滴定的准确度。

（四）把握好滴定速度

空白要逐滴滴下，开始速度以 3 ~ 4 滴/s 为宜，注意要用力振摇。接近终点时，以每次半滴为宜轻轻振摇，以免过量，但也不能过于缓慢，整个滴定过程要控制在 15 min 之内完成。

八、实验结果与讨论

实验八　水中氟化物的测定(氟离子选择电极法)

氟广泛存在于自然水体中,人体各组织中都含有氟,但主要积聚在牙齿和骨骼中。人体中的氟来自饮水、食物和空气,成人每日摄入 1~1.5 mg 氟。

适当的氟是人体所必需的,过量摄入则会影响健康,我国规定生活饮用水中氟浓度小于 1.0 mg/L。

慢性氟中毒是氟在骨质中沉积造成的,称之为氟骨病,表现为骨变厚、韧性降低、表面粗糙、骨腔缩小,并伴有多发性外生骨赘,使关节活动受阻。严重者因韧带钙化使肢体变形,易发生骨折。氟与牙齿中的钙质结合,沉积于齿面上,使牙面珐琅质失去光泽、牙质脆弱易磨损。儿童成长期间牙齿对氟尤为敏感。

氟化物的测定方法有氟试剂比色法、茜素磺酸锆比色法、氟离子选择电极法和离子色谱法等。

氟离子选择电极法测定的是游离的氟离子浓度,适用于地表水、地下水和工业废水中氟化物的测定,对于污染严重的生活污水和工业废水,以及含氟硼酸盐的水样,应预先进行蒸馏处理才可以测定。较佳的试剂酸度条件为 pH = 5~6。

水样有颜色、浊度不影响测定。温度对电极电位和电离平衡有影响,需使试液和标准溶液的温度相同,并注意调节仪器的温度补偿装置,使之与溶液的温度一致。

氟离子选择电极法的最低检出限为 0.05 mg/L,测定上限达 1 900 mg/L,该方法反应灵敏度较高,检测范围宽。常用的定量方法是标准曲线法和标准加入法。

一、实验目的

(1)了解氟离子选择电极的构造和原理,学会正确使用离子选择电极和酸度计。
(2)掌握直接电位法测定的原理。
(3)掌握标准曲线法测定水中氟化物含量的实验方法。

二、实验原理

将氟离子选择电极和外参比电极(如甘汞电极)浸入欲测含氟溶液,构成原电池。该原电池的电动势与氟离子活度的对数成线性关系,故通过测量电极与已知 F^- 浓度溶液组成的原电池电动势和电极与待测 F^- 浓度溶液组成原电池的电动势,即可计算出待测水样中 F^- 的浓度。常用定量方法是标准曲线法和标准加入法。

对于污染严重的生活污水和工业废水,以及含氟硼酸盐的水样均要进行蒸馏。

三、实验仪器

(1)氟离子选择性电极。
(2)饱和甘汞电极或银－氯化银电极。
(3)离子活度计或 pH 计,精确到 0.1 mV。
(4)磁力搅拌器、聚乙烯或聚四氟乙烯包裹的搅拌子。
(5)聚乙烯杯:100 mL、150 mL 两种。

（6）其他常用的实验室设备。

四、实验试剂

所用水为去离子水或无氟蒸馏水。

（1）氟化物标准贮备液：称取 0.221 0 g 基准氟化钠（NaF）（预先于 105～110 ℃烘干 2 h，或者于 500～650 ℃烘干约 40 min，冷却），用水溶解后转入 1 000 mL 容量瓶中，稀释至标线，摇匀。贮存在聚乙烯瓶中。此溶液每毫升含氟离子 100 μg。

（2）氟化物标准溶液：用无分度吸管吸取氟化钠标准贮备液 10 mL，注入 100 mL 容量瓶中，稀释至标线，摇匀。此溶液每毫升含氟离子 10 μg。

（3）乙酸钠溶液：称取 15 g 乙酸钠（CH_3COONa）溶于水，并稀释至 100 mL。

（4）总离子强度调节缓冲溶液（TISAB）：称取 58.8 g 二水合柠檬酸钠和 85 g 硝酸钠，加水溶解，用盐酸调节 pH 值至 5～6，转入 1 000 mL 容量瓶中，稀释至标线，摇匀。

（5）2 mol/L 的盐酸溶液。

五、测定步骤

（1）仪器准备和操作：按照所用测量仪器和电极使用说明，先接好线路，将各开关置于"关"的位置，开启电源开关，预热 15 min，以后操作按说明书要求进行。测定前，试液应达到室温，并与标准溶液温度一致（温差不得超过 ±1 ℃）。

（2）标准曲线绘制：用无分度吸管吸取 1.00 mL、3.00 mL、5.00 mL、10.00 mL、20.00 mL 氟化物标准溶液，分别置于 5 支 50 mL 容量瓶中，加入 10 mL 总离子强度调节缓冲溶液，用水稀释至标线，摇匀。分别移入 100 mL 聚乙烯杯中，各放入一只塑料搅拌子，按浓度由低到高的顺序，依次插入电极，连续搅拌溶液，读取搅拌状态下的稳态电位值 E。在每次测量之前，都要用水将电极冲洗净，并用滤纸吸去水分。在半对数坐标纸上绘制 $E \sim \lg C_{F^-}$ 标准曲线，浓度标于对数分格上，将最低浓度标于横坐标的起点线上。

（3）水样测定：用无分度吸管吸取适量水样，置于 50 mL 容量瓶中，用乙酸钠或盐酸溶液调节至近中性，加入 10 mL 总离子强度调节缓冲溶液，用水稀释至标线，摇匀。将其移入 100 mL 聚乙烯杯中，放入一只塑料搅拌子，插入电极，连续搅拌溶液，待电位稳定后，在继续搅拌下读取电位值 E_X。在每次测量之前，都要用水充分洗涤电极，并用滤纸吸去水分。根据测得的毫伏数，从标准曲线上查得氟化物的含量。

（4）空白实验：用蒸馏水代替水样，按测定样品的条件和步骤进行测定。当水样组成复杂或成分不明时，宜采用一次标准加入法，以便减小基体的影响。其操作是：先按步骤（2）测定试液的电位值 E_1，然后向试液中加入一定量（与试液中氟的含量相近）的氟化物标准液，在不断搅拌下读取稳态电位值 E_2。

六、实验计算

（一）标准曲线法

根据从标准曲线上查知的稀释水样浓度和稀释倍数即可计算水样中氟化物的含量（mg/L）。

（二）标准加入法

$$C_x = C_s V_s \big/ \big\{ (V_x + V_s) \big[10^{\Delta E/S} - V_x \big/ (V_x + V_s) \big] \big\}$$

式中　　C_x——水样中氟化物的浓度，mg/L；

　　　　V_x——水样体积，mL；

　　　　C_s——F^-标准溶液的浓度，mg/L；

　　　　V_s——加入 F^- 标准溶液的体积，mL；

　　　　ΔE——其值等于 $E_1 - E_2$（对阴离子选择性电极），其中 E_1 为测得水样试液的电位值，mV，E_2 为试液中加入标准溶液后测得的电位值，mV；

　　　　S——氟离子选择性电极的实测斜率。

如果 $V_s \ll V_x$，则上式可简化为

$$C_x = C_s V_s (10^{\Delta E/S} - 1)^{-1} / V_x$$

实验结果记录如下：

标准曲线		1	2	3	4	5	水样测定	空白
标准系列体积（mL）							水样体积（mL）	
标准系列氟化物浓度（mg/L）								
电位值（mV）	1							
	2							
	3							
电位平均值（mV）								

七、实验提示

（1）电极用后应用水充分冲洗干净，并用滤纸吸去水分，放在空气中，或者放在稀的氟化物标准溶液中。如果短时间不再使用，应洗净，吸去水分，套上保护电极敏感部位的保护帽。电极使用前仍应洗净，并吸去水分。

（2）如果试液中氟化物的含量低，则应从测定值中扣除空白实验值。

（3）不得用手触摸电极的敏感膜，如果电极膜表面被有机物等沾污，必须清洗干净后才能使用。

（4）一次标准加入法所加入标准溶液的浓度 C_s 应比试液浓度 C_x 高 10～100 倍，加入的体积为试液的 1/10～1/100，以使体系的 TISAB 浓度变化不大。

八、实验结果与讨论

实验九　水中余氯的测定（氧化还原滴定法）

余氯是指水与氯族消毒剂接触一定时间后，余留在水中的氯。余氯的作用是保证持续杀菌，也可防止水受到再污染。但如果余氯量超标，可能会加重水中酚和其他有机物产生的味和臭，还有可能生成氯仿等有"三致"作用的有机氯代物。测定水中余氯的含量和存在状态，对做好饮水消毒工作和保证水卫生安全极为重要。本法适用于生活用水的测定。

一、实验目的

掌握碘量法测定水中余氯的原理和方法。

二、实验原理

水中的余氯在酸性溶液中与 KI 作用，释放出等化学计量的碘（I_2），以淀粉溶液为指示剂，用 $Na_2S_2O_3$ 标准溶液滴定至蓝色消失，由 $Na_2S_2O_3$ 标准溶液的用量和浓度求出水中的余氯量，主要反应式为

$$I^- + CH_3COOH \rightarrow CH_3COO^- + HI$$
$$2HI + HOCl \rightarrow I_2 + H^+ + Cl^- + H_2O$$
$$I_2 + 2S_2O_3^{2-} \rightarrow 2I^- + S_4O_6^{2-}$$

三、实验仪器

实验仪器有碘量瓶（250 mL），酸式滴定管（50 mL），移液管（1 mL、5 mL、50 mL），容量瓶（1 000 mL），洗瓶（500 mL），洗耳球，试剂瓶（60 mL）。

四、实验试剂

实验试剂为碘化钾、0.01 mol/L 的硫代硫酸钠标准溶液，1% 的淀粉溶液，乙酸盐缓冲液。

五、实验步骤

（1）用移液管吸取两份 50 mL 水样（当含量小于 1 mg/L 时，可适当多取水样）。

（2）分别放入 250 mL 碘量瓶内。

（3）加入 0.25 g KI 和 2.5 mL 乙酸盐缓冲液（pH 值应为 3.5 ~ 4.3，如大于此值，继续调至 pH 值约等于 4，再滴定）。

（4）用 0.01 mol/L 的 $Na_2S_2O_3$ 标准溶液滴定至淡黄色。

（5）加入 1 mL 淀粉溶液，继续滴定至蓝色消失，记录用量（V_1、V_2）。

六、实验计算

$$总余氯(Cl_2,mg/L) = \frac{C_{Na_2S_2O_3} V_{平均} \times 35.453 \times 1\,000}{V_{水样}}$$

式中 $C_{Na_2S_2O_3}$——硫代硫酸钠标准溶液浓度($Na_2S_2O_3,1/6K_2Cr_2O_7$),mol/L;

$V_{平均}$——硫代硫酸钠标准溶液用量,mL;

$V_{水样}$——水样体积,mL;

35.453——氯的摩尔质量($1/2\ Cl_2$,g/moL)。

实验结果记录如下:

实验编号	1	2
水样测定	V_1	V_2
滴定管终读数(mL)		
滴定管初读数(mL)		
$Na_2S_2O_3$ 标准溶液用量		
总余氯(Cl_2,mg/L)		

七、实验提示

饮用水氯消毒中以液氯为消毒剂时,液氯与水中细菌等微生物作用之后,剩余在水中的氯量称为余氯,是水中微生物指标之一。我国饮用水的出厂水要求游离性余氯大于 0.3 mg/L,管网末梢水中游离性余氯大于 0.05 mg/L。

水中如含有亚硝酸盐(如水中有游离性余氯,则不可能存在;如采用氯胺消毒,则可能存在)、高价铁和锰能在酸性溶液中与碘化钾作用并释放出碘而产生正干扰。由于本法采用乙酸盐缓冲液,当 pH 值为 3.5~4.2 时,可降低上述物质的干扰作用,此时亚硝酸盐和高价铁的含量高达 5 mg/L 也不干扰测定。

八、实验结果与讨论

实验十　水中总大肠菌群的测定（多管发酵法）

一、实验目的

掌握大肠菌群的测定方法，同时通过对大肠菌群的测定，了解大肠菌群的生化特性。

二、实验原理

总大肠菌群可用多管发酵法或滤膜法检验。多管发酵法的原理是根据大肠菌群细菌能发酵乳糖、产酸、产气以及具备革兰氏染色阴性，无芽孢，呈杆状等有关特性，通过初发酵试验、平板分离和复发酵试验等三个步骤进行实验求得水样中的总大肠菌群数。试验结果以最可能数（Most Probable Number，简称 MPN）表示。

三、实验仪器

实验仪器有高压蒸气灭菌器，恒温培养箱，冰箱，生物显微镜，载玻片，酒精灯，镍铬丝接种棒，培养皿（直径为 100 mm），试管（18 mm×180 mm），吸管（1 mL、5 mL、10 mL），烧杯，锥形瓶，采样瓶。

四、培养基的制备

（一）乳糖蛋白胨培养液

将 10 g 蛋白胨、3 g 牛肉膏、5 g 乳糖和 5 g 氯化钠加热溶解于 1 000 mL 蒸馏水中，调节溶液的 pH 值为 7.2～7.4，再加入 1.6% 的溴甲酚紫乙醇溶液 1 mL，充分混匀，分装于试管中，于 115 ℃高压灭菌器中灭菌 20 min，贮存于冷暗处备用。

（二）三倍浓缩乳糖蛋白胨培养液

按上述乳糖蛋白胨培养液的制备方法配制。除蒸馏水外，各组分用量增加至三倍。

（三）品红亚硫酸钠培养基

（1）贮备培养基的制备：于 2 000 mL 烧杯中，先将 20～30 g 琼脂加到 900 mL 蒸馏水中，加热溶解，然后加入 3.5 g 磷酸氢二钾及 10 g 蛋白胨，混匀，使其溶解，再用蒸馏水补充到 1 000 mL，调节溶液的 pH 值至 7.2～7.4。趁热用脱脂棉或绒布过滤，再加 10 g 乳糖，混匀，定量分装于 250 mL 或 500 mL 锥形瓶内，置于高压灭菌器中，在 115 ℃灭菌 20 min，贮存于冷暗处备用。

（2）平皿培养基的制备：将上法制备的贮备培养基加热融化，根据锥形瓶内培养基的容量，用灭菌吸管按比例吸取一定量的 5% 碱性品红乙醇溶液（1 000 mL 培养基约加 20 mL 5% 的碱性品红乙醇溶液），置于灭菌试管中；再按比例称取无水亚硫酸钠（1 000 mL 培养基约加 5 g 无水亚硫酸钠），置于另一灭菌空试管内，加灭菌水少许使其溶解，再置于沸水浴中煮沸 10 min（灭菌）。用灭菌吸管吸取已灭菌的亚硫酸钠溶液，滴加于碱性品红乙醇溶液内至深红色再褪至淡红色为止（不宜加多）。将此混合液全部加入已融化的贮备培养基内，并充分混匀（防止产生气泡）。立即将此培养基适量（约 15 mL）倾入已灭菌的平皿内,待冷却凝固后,置于冰箱内备用,但保存时间不宜超过两周。如培养基已由淡红色变成深红色,则不能再用。

五、测定水源水中总大肠菌群的实验步骤

(一)初发酵试验

于各装有 5 mL 三倍浓缩乳糖蛋白胨培养液的 5 个试管中(内有倒管),分别加入 10 mL 水样;于各装有 10 mL 乳糖蛋白胨培养液的 5 个试管中(内有倒管),分别加入 1 mL 水样;再于各装有 10 mL 乳糖蛋白胨培养液的 5 个试管中(内有倒管),分别加入 1 mL 1:10 稀释的水样,共计 15 管,三个稀释度。将各管充分混匀,置于 37 ℃恒温箱内培养 24 h。

(二)平板分离

上述各发酵管经培养 24 h 后,将产酸、产气及只产酸的发酵管分别接种于品红亚硫酸钠培养基上,置于 37 ℃恒温箱内培养 24 h,挑选符合下列特征的菌落。

接种于品红亚硫酸钠培养基上:紫红色,具有金属光泽的菌落;深红色,不带或略带金属光泽的菌落;淡红色,中心色较深的菌落。

取有上述特征的群落进行革兰氏染色:

(1)用已培养 18~24 h 的培养物涂片,涂层要薄。

(2)将涂片在火焰上加温固定,待冷却后滴加结晶紫溶液,1 min 后用水洗去。

(3)滴加助染剂,1 min 后用水洗去。

(4)滴加脱色剂,摇动玻片,直至无紫色脱落(20~30 s),用水洗去。

(5)滴加复染剂,1 min 后用水洗去,晾干、镜检,呈紫色者为革兰氏阳性菌,呈红色者为阴性菌。

(三)复发酵试验

上述涂片镜检的菌落如为革兰氏阴性无芽孢的杆菌,则挑选该菌落的另一部分接种于装有普通浓度乳糖蛋白胨培养液的试管中(内有倒管),每管可接种分离自同一初发酵管(瓶)的最典型菌落 1~3 个,然后置于 37 ℃恒温箱中培养 24 h,有产酸、产气者(不论倒管内气体多少皆作为产气论),即证实有大肠菌群存在。根据证实总大肠菌群存在的阳性管数,查"最可能数(MPN)表",即求得每 100 mL 水样中存在的总大肠菌群数。我国目前以 1 L 为报告单位,故 MPN 值再乘以 10,即为 1 L 水样中的总大肠菌群数。

例如,某水样接种 10 mL 的 5 管均为阳性;接种 1 mL 的 5 管中有 2 管为阳性;接种 1:10 的水样 1 mL 的 5 管均为阴性。从最可能数(MPN)表中查检验结果 5 − 2 − 0 得知 100 mL 水样中的总大肠菌群数为 49 个,故 1 L 水样中的总大肠菌群数为 49×10=490 个。对污染严重的地表水和废水,初发酵试验的接种水样应作 1:10、1:100、1:1 000 或更高倍数的稀释,检验步骤同"水源水"检验方法。

如果接种的水样量不是 10 mL、1 mL 和 0.1 mL,而是较低或较高的三个浓度的水样量,也可查"最可能数(MPN)表",求得 MPN 指数,再经下面公式换算成每 100 mL 的 MPN 值:

$$MPN \text{ 值} = MPN \text{ 指数} \times \frac{10}{\text{接种量最大的一管}}$$

六、实验提示

（1）水样采集之后最好立即测定。如果不能立即测定，需放在 4 ℃冰箱中保存，并且保证水样在采集、运输、贮存过程中不被杂菌污染，造成测定误差。

（2）接种时必须在无菌条件下进行，且动作要快，避免杂菌污染。

（3）德汉氏试管（倒立套管）在放进大试管或烧瓶中时动作要轻，而且必须要灌满培养基，避免产生气泡，造成假阳性结果，尤其注意在烧瓶中倒立的德汉氏试管的管口必须在烧瓶培养基的液面以下。

（4）如果在培养 24 h 后培养基颜色有一定变化，但是没有变成纯黄色，则有可能是由于溶液中虽然含有一定量的菌体，但数量较少，此时应继续培养至 48 h，观察其结果。

七、实验结果与讨论

附

最可能数(MPN)表

出现阳性份数			每100 mL 水样中细菌数的最可能数	95%可信限值		出现阳性份数			每100 mL 水样中细菌数的最可能数	95%可信限值	
10 mL 管	1 mL 管	0.1 mL 管		下限	上限	10 mL 管	1 mL 管	0.1 mL 管		下限	上限
0	0	0	<2			4	2	1	26	9	78
0	0	1	2	<0.5	7	4	3	0	27	9	80
0	1	0	2	<0.5	7	4	3	1	33	11	93
0	2	0	4	<0.5	11	4	4	0	34	12	93
1	0	0	2	<0.5	7	5	0	0	23	7	70
1	0	1	4	<0.5	11	5	0	1	34	11	89
1	1	0	4	<0.5	15	5	0	2	43	15	110
1	1	1	6	<0.5	15	5	1	0	33	11	93
1	2	0	6	<0.5	15	5	1	1	46	16	120
2	0	0	5	<0.5	13	5	1	2	63	21	150
2	0	1	7	1	17	5	2	0	49	17	130
2	1	0	7	1	17	5	2	1	70	23	170
2	1	1	9	2	21	5	2	2	94	28	220
2	2	0	9	2	21	5	3	0	79	25	190
2	3	0	12	3	28	5	3	1	110	31	250
3	0	0	8	1	19	5	3	2	140	37	310
3	0	1	11	2	25	5	3	3	180	44	500
3	1	0	11	2	25	5	4	0	130	35	300
3	1	1	14	4	34	5	4	1	170	43	190
3	2	0	14	4	34	5	4	2	220	57	700
3	2	1	17	5	46	5	4	3	280	90	850
3	3	0	17	5	46	5	4	4	350	120	1 000
4	0	0	13	3	31	5	5	0	240	68	750
4	0	1	17	5	46	5	5	1	350	120	1 000
4	1	0	17	5	46	5	5	2	540	180	1 400
4	1	1	21	6	63	5	5	3	920	300	3 200
4	1	2	26	9	78	5	5	4	1 600	640	5 800
4	2	0	22	7	67	5	5	5	≥2 400		

注:表中数据为接种5份10 mL 水样、5份1 mL 水样、5份0.1 mL 水样时,不同阳性及阴性情况下100 mL 水样中细菌数的最可能数和95%可信限值。

实验十一　　水中溶解氧的测定

　　溶解在水中分子态的氧称为溶解氧。水体中的溶解氧不是污染物质,它是水体污染程度的重要指标,也是衡量水质的综合指标,溶解氧的大小反映出水体受到污染,特别是有机物污染的程度,通过溶解氧的测定,可以大致估计水中以有机物为主的还原性物质的含量。天然水的溶解氧含量取决于水体与大气中氧的平衡。溶解氧的饱和含量和空气中氧的分压、大气压力、水温有密切关系。大气压力下降、水温升高、含盐量增加都会导致溶解氧含量的降低。清洁地表水溶解氧一般接近饱和。由于藻类的生长,溶解氧可能过饱和。水体受有机、无机还原性物质污染时溶解氧降低。当大气中的氧来不及补充时,水中溶解氧逐渐降低,以至趋近于零,此时厌氧菌繁殖,水质恶化,导致鱼虾死亡。

　　废水中溶解氧的含量取决于废水排出前的处理工艺过程,一般含量较低,差异很大。鱼类死亡事故多是由于大量受纳污水,使水体中耗氧性物质增多,溶解氧降低,一般当水中溶解氧低于 $3 \sim 4$ mg/L 时,许多鱼类呼吸困难,若继续减少,造成鱼类窒息死亡。

　　测定溶解氧的方法主要有碘量法及其修正法、薄膜电极法、电导测定法等。

一、实验目的

掌握薄膜电极法测定溶解氧的方法及原理。

二、实验原理

　　测定溶解氧的电极由一个附有感应器的薄膜和一个温度测定及补偿的内置热敏电阻组成。电极的可渗透膜为选择性薄膜,把待测水样和感应器隔开,水和可溶性物质不能透过,只允许氧气通过。当给感应器供应电压时,氧气穿过薄膜发生还原反应,产生微弱的扩散电流,通过测量电流值可测定溶解氧浓度。

三、实验仪器

实验仪器为手提式溶氧测试仪。

四、实验试剂

实验试剂有电解液、清洗液。

五、实验步骤

(一) 溶解氧 DO 校正

溶解氧校正采用饱和湿空气校正法,在贮存校正套中进行。

1. 校正效果评估

校正完成后,仪表将显示电极状态评估结果,评估项目有电极零点电位和电极斜率,这两个项目分别评估,以差的为依据。以下是电极柱状显示图代表的意义:

显示	电极斜率（mV/pH）
▮	$S = 0.8 \cdots 1.25$
▜	$S = 0.7 \cdots 0.8$
▯	$S = 0.6 \cdots 0.7$
E3 校正失败	$S < 0.6$ 或者 $S > 1.25$

2. 校正步骤

（1）准备好贮存校正套。

（2）将 DO 电极接到主机上，多次按 < M > 键，直到屏幕上显示 O2（溶解氧测试）。

（3）将 DO 电极插入贮存校正套中。

（4）多次按 < CAL > 键直到屏幕显示"O2 CAL"，这时系统处于溶解氧校正模式。

（5）按 RUN/ENTER 键，系统开始自动读数。

（6）数值稳定后，仪表显示电极斜率和电极状态柱状图。

（7）按 < M > 键返回到测试模式。

（二）溶解氧的测量

（1）把电极连到主机（电极接上就可以马上测试，只有在更换了电解液和薄膜后才需要极化）。

（2）测试注意所需的最小流速（水的流速要足够，拿着电极在水中来回慢慢搅动，在电极顶端装一个搅拌附件）。

六、实验记录与数据

测试次数	1	2
溶解氧测定值		

七、实验提示

在进行测量之前，电极必须达到热平衡。热平衡一般需要几分钟，环境与样品的温差越大，需要的时间越长。

八、实验结果与讨论

实验十二　水中高锰酸盐指数的测定

一、实验目的

(1)学习高锰酸钾标准溶液的配制及标定。

(2)掌握天然水中高锰酸盐指数的测定原理与方法

二、实验原理

水样在酸性条件下,高锰酸钾($KMnO_4$)将氧化水样中的还原性无机物及部分有机物,剩余的高锰酸钾($KMnO_4$)用过量的草酸钠($Na_2C_2O_4$)还原,再用 $KMnO_4$ 标准溶液回滴过量的 $Na_2C_2O_4$,根据加入过量的 $KMnO_4$ 和 $Na_2C_2O_4$ 标准溶液的量及最后 $Na_2C_2O_4$ 标准溶液的用量,计算高锰酸盐指数(以 O_2 计,mg/L)。

三、实验仪器

实验仪器有棕色酸式滴定管(50 mL),锥形瓶(250 mL),移液管(5 mL、10 mL、100 mL),容量瓶(100 mL、1 000 mL),水浴锅,定时钟。

四、实验试剂

(1)高锰酸钾标准贮备液($C_{1/5\ KMnO_4}$ = 0.1 mol/L):称取 3.2 g 高锰酸钾标准溶液,溶于 1.2 L 蒸馏水中,加热煮沸,使体积减少到约 1 L,在暗处放置过夜,用 G-3 号玻璃砂漏斗过滤,滤液贮于棕色瓶中,避光保存。

(2)高锰酸钾标准使用液($C_{1/5\ KMnO_4}$ = 0.01 mol/L):临用前配制。吸取 100 mL 上述 0.1 mol/L 高锰酸钾标准贮备液于 1 000 mL 容量瓶中,用蒸馏水稀释至标线,贮于棕色瓶中,避光保存,使用时标定。

(3)硫酸溶液(1 + 3):将 1 份化学纯浓硫酸慢慢加到 3 份蒸馏水中,煮沸,滴加高锰酸钾溶液至硫酸溶液保持微红色。

(4)草酸钠标准贮备液(0.100 0 mol/L):准确称取 0.670 5 g 在 105 ~ 110 ℃烘干 1 h 并冷却的草酸钠溶于蒸馏水中,移入 100 mL 容量瓶中,用蒸馏水稀释至标线。

(5)草酸钠标准使用液(0.010 0 mol/L):吸取上述草酸钠标准贮备液 10.0 mL,移入 100 mL 容量瓶中,用蒸馏水稀释至标线。

五、实验步骤

(1)取 100 mL 水样,放入 250 mL 锥形瓶中。

(2)加入 5 mL 硫酸溶液(1 + 3),摇匀。

(3)用移液管准确加入 10 mL 0.01 mol/L 的高锰酸钾标准使用液,摇匀,立即放入沸水浴中加热 30 min。从水浴重新沸腾起计时,水浴液面应高于锥形瓶中溶液的液面。若溶液红色消失,说明水中有机物含量较高,则另取较少量水样用蒸馏水稀释 2 ~ 5 倍,总体积为 100 mL。再按步骤(1)、(2)、(3)重做。

(4)取出锥形瓶,趁热用移液管准确加入 10.00 mL 0.010 0 mol/L 的草酸钠标准使用液,摇匀。此时剩余的高锰酸钾(指与水样中有机物作用后过量的)与加入的草酸钠起反应,溶液变为无色。

(5)立即用 0.01 mol/L 的高锰酸钾标准使用液滴定至溶液显微红色,记录标准使用溶液的用量(V_1)。

(6)如果水样经稀释,则应取 100 mL 蒸馏水,按以上步骤做空白实验。

(7)高锰酸钾溶液维度的标定:将上述锥形瓶中已滴定完毕的溶液加热至约 70 ℃,趁热用移液管准确加入 0.010 0 mol/L 的草酸钠标准使用液 10.00 mL,再用 0.01 mol/L 的高锰酸钾溶液滴定至溶液由无色刚好出现浅红色即到达滴定终点。记录 0.01 mol/L 的高锰酸钾标准使用液的用量 V。按下式计算高锰酸钾溶液的校正系数 K

$$K = \frac{10.00}{V}$$

式中 V——高锰酸钾标准使用液消耗量,mL。

六、实验计算

(一)水样不经稀释

高锰酸盐指数(以 O_2 计) $= \dfrac{[(10+V_1)K-10] \times C_1 \times 8 \times 1\,000}{V_2}$

式中 V_1——滴定水样时,消耗高锰酸钾标准使用液的体积,mL;

K——校正系数;

C_1——草酸钠标准使用液浓度,其值为 0.010 0 mol/L;

8——1/2 O 的摩尔质量,g/mol;

V_2——吸取水样的体积,mL。

(二)水样经稀释

高锰酸盐指数(以 O_2 计) $= \dfrac{\{[(10+V_1)K-10]-[(10+V_0)K-10] \times f\} \times C_1 \times 8 \times 1\,000}{V_{水样}}$

式中 V_0——空白试样中蒸馏水消耗高锰酸钾标准使用液的体积, mL;

$V_{水样}$——吸取水样的体积,mL;

f——稀释水中所含蒸馏水的比值,例如取 10.00 mL 水样,用 90 mL 蒸馏水稀释至 100 mL,则 $f = 0.90$。

七、实验提示

(1)控制滴定溶液的温度在 70~80 ℃。因温度过低则反应较慢,若温度高于 90 ℃又会引起 $Na_2C_2O_4$ 的分解。

(2)控制酸度,一般开始时酸度为 0.5~1 mol/L,接近滴定终点时酸度一般为 0.2~0.5 mol/L。因酸度过低,MnO_4^- 会被还原为 MnO_2;反之,会促使 $Na_2C_2O_4$ 的分解。

(3)在水浴中加热完毕后,溶液应保持淡红色,如果颜色变浅或全部褪去,说明

$KMnO_4$用量不够,应另取水样加水稀释,重新测定。

(4)在滴定时速度应先慢后快,至溶液呈粉红色并且半分钟内不褪色,就可以认为已到达滴定终点。

(5)酸性高锰酸钾法适用于水样中 Cl^- 含量不超过 300 mg/L 的水样。

(6)由于高锰酸钾溶液的浓度易于改变,因此每次测定样品时,必须进行校正,求出校正系数 K。

八、实验记录与数据

实验编号	1	2	3
$KMnO_4$ 标定	$V_{水样1}$	$V_{水样2}$	$V_{水样3}$
滴定管终读数(mL)			
滴定管初读数(mL)			
$KMnO_4$ 用量(mL)			
加入 $Na_2C_2O_4$ 的量(mL)			
$KMnO_4$ 准确浓度(mol/L)			
水样测定	V_1	V_2	V_3
滴定管终读数(mL)			
滴定管初读数(mL)			
滴定 $KMnO_4$ 用量(mL)			
加入 $KMnO_4$ 的量(mL)			
加入 $Na_2C_2O_4$ 的量(mL)			
高锰酸盐指数(以 O_2 计)(mg/L)			

九、实验结果与讨论

实验十三　废水中化学需氧量的测定（重铬酸钾法）

一、实验目的

（1）学习化学需氧量（COD）的测定原理与方法。

（2）掌握用重铬酸钾法测定化学需氧量（COD）的原理与方法。

二、实验原理

在强酸溶液中，准确加入过量的重铬酸钾标准溶液，加热回流，将水样中还原性物质（主要是有机物）氧化，过量的重铬酸钾以试亚铁灵为指示剂，用硫酸亚铁铵标准溶液回滴，根据所消耗的重铬酸钾标准溶液量计算出水样化学需氧量。

三、实验仪器

（1）酸式滴定管：50 mL。

（2）回流装置：带 250 mL 锥形瓶的全回流装置（如果取样量在 30 mL 以上，采用 500 mL 锥形瓶的全玻璃回流装置）。

（3）加热装置：电热板或加热电炉。

（4）移液管：10 mL、20 mL、30 mL。

（5）容量瓶：100 mL、500 mL、1 000 mL。

（6）玻璃珠。

（7）洗瓶。

（8）洗耳球。

（9）试剂瓶。

四、实验试剂

（1）重铬酸钾标准溶液。

（2）试亚铁灵指示剂。

（3）硫酸亚铁铵标准溶液 $[C_{(NH_4)_2Fe(SO_4)_2 \cdot 6H_2O} \approx 0.1 \text{ mol/L}]$：称取 39.5 g 硫酸亚铁铵溶于蒸馏水中，边搅拌边缓慢加入 20 mL 浓硫酸，冷却后移入 1 000 mL 容量瓶中，加蒸馏水稀释至标线，摇匀，临用前用重铬酸钾标准溶液标定。

标定方法：准确吸取 10.00 mL 0.250 0 mol/L 的重铬酸钾标准溶液于 500 mL 锥形瓶中，加蒸馏水稀释至 110 mL 左右，缓慢加入 30 mL 浓硫酸，混匀。冷却后，加入 2～3 滴试亚铁灵指示剂（约 0.15 mL），用硫酸亚铁铵标准溶液滴定，溶液的颜色由黄色经蓝绿色渐变为蓝色后，立即转变为红褐色即为终点。记录硫酸亚铁铵标准溶液的用量（V，mL）。

$$C_{(NH_4)_2Fe(SO_4)_2} = \frac{0.250\ 0 \times 10.00}{V}$$

式中　$C_{(NH_4)_2Fe(SO_4)_2}$——硫酸亚铁铵标准溶液的浓度，mol/L；

　　V——标定时硫酸亚铁铵标准溶液的用量,mL。

　　(4)硫酸 – 硫酸银溶液(催化剂)。

　　(5)硫酸汞(掩蔽剂)。

　　(6)消化液($1/6\ K_2Cr_2O_7 = 0.250\ 0\ mol/L$)。

五、实验步骤

(一)回流法实验步骤

　　(1)移取20.00 mL混合均匀的水样(或适量水样稀释至20.00 mL)置于250 mL磨口回流锥形瓶中。

　　(2)准确加入10.00 mL重铬酸钾标准溶液及数粒玻璃珠(或沸石),连接磨口全玻璃回流装置,从冷凝管上口缓慢加入30 mL硫酸 – 硫酸银溶液,轻轻摇动锥形瓶使溶液混匀,加热回流2 h(从开始沸腾计时)。

　　①对于COD高的废水样,可先取上述操作所需体积1/10的废水样和试剂,于15 mm×150 mm硬质玻璃试管中,摇匀,加热后观察是否变成绿色。如溶液显绿色,再适当减少废水取样量,直到溶液不变绿色,以便确定废水样分析时应取的体积。稀释时,所取废水样量不得少于5 mL,如果COD很高,则废水样应多次逐级稀释。

　　②当废水中Cl^-浓度超过30 mg/L时,应先把0.4 g硫酸汞加入回流锥形瓶中,再加20.00 mL废水(或适量废水稀释至20.00 mL),摇匀。以下操作同实验步骤(1)、(2)。

　　(3)冷却后,用90 mL水冲洗冷凝管壁,取下锥形瓶。液体总体积不少于140 mL,否则因酸度太大,使滴定终点不明显。

　　(4)溶液再度冷却后,加3滴试亚铁灵指示剂,用硫酸亚铁铵标准溶液滴定,溶液的颜色由黄色经蓝绿色渐变为蓝色后立即转变为红褐色,即为终点。记录硫酸亚铁铵标准溶液的用量$V_{标-1}$。平行测定2~3次。

　　(5)测定水样的同时,以20.00 mL蒸馏水,按以上操作步骤做空白试验。记录滴定空白时硫酸亚铁铵标准溶液的用量(V_0,mL)。

(二)密封法实验步骤

　　(1)准确吸取水样2.50 mL,放入25 mL具塞磨口比色管中,加消化液2.50 mL和催化剂3.50 mL,盖上塞并旋紧。

　　(2)置于固定支架上。

　　(3)送入恒温箱中,恒温(150±1)℃,消化2 h。视水中有机物种类可缩短消化时间。

　　(4)取出,冷却至室温。

　　(5)回滴法:向消化后溶液中加入无有机物的蒸馏水30 mL,加2滴试亚铁灵指示剂,然后用硫酸亚铁铵标准溶液滴定,溶液的颜色由黄色经蓝绿色渐变为蓝色后立即转变为红褐色,即为终点。记录硫酸亚铁铵标准溶液的用量V_1。平行测定2~3次。

　　(6)测定水样的同时,以2.50 mL蒸馏水,按以上操作步骤做空白试验。记录滴定空白时硫酸亚铁铵标准溶液的用量(V_0,mL)。

六、实验计算

$$C_{\text{COD}_{\text{cr}}}(\text{O}_2, \text{mg/L}) = \frac{(V_0 - V_1) \times C \times 8 \times 1\,000}{V_{\text{水样}}}$$

式中　C——硫酸亚铁铵标准溶液的浓度,mol/L;

　　　V_1——滴定水样时硫酸亚铁铵标准溶液的用量,mL;

　　　V_0——滴定空白水样时硫酸亚铁铵标准溶液的用量,mL;

　　　$V_{\text{水样}}$——吸取水样的体积,mL;

　　　8——氧(1/2 O)的摩尔质量,g/mol。

实验结果记录如下:

实验编号	1	2	3
$(\text{NH}_4)_2\text{Fe}(\text{SO}_4)_2$ 溶液的标定	$V_{\text{标}-1}$	$V_{\text{标}-2}$	$V_{\text{标}-3}$
滴定管终读数(mL)			
滴定管初读数(mL)			
$V_{(\text{NH}_4)_2\text{Fe}(\text{SO}_4)_2}$(mL)			
$C_{(\text{NH}_4)_2\text{Fe}(\text{SO}_4)_2}$(mol/L)			
水样测定	V_1	V_2	V_3
滴定管终读数(mL)			
滴定管初读数(mL)			
$V_{(\text{NH}_4)_2\text{Fe}(\text{SO}_4)_2}$(mL)			
$\text{COD}_{\text{cr}}(\text{O}_2, \text{mg/L})$			

七、实验提示

(1)使用0.4 g硫酸汞络合 Cl⁻ 的最高量可达 40 mg,如取用 20.00 mL 水样,即最高可络合 2 000 mg/L Cl⁻ 浓度的水样。若 Cl⁻ 浓度较低,亦可少加硫酸汞,保持硫酸汞:Cl⁻ = 10:1(质量分数)。若出现少量氯化汞沉淀,并不影响测定。

(2)水样取用体积可在 10.00～50.00 mL 范围,但试剂用量及浓度需按水样取用量和试剂用量表进行调整,可得到满意的结果。

(3)对于 COD 小于 50 mg/L 的水样,应改用 0.025 0 mol/L 的重铬酸钾标准溶液。回滴时用 0.01 mol/L 的硫酸亚铁铵标准溶液。

(4)水样加热回流后,溶液中重铬酸钾剩余量应以加入量的 1/5～4/5 为宜。

(5)每次实验时应对硫酸亚铁铵标准溶液进行标定,室温较高时尤其应注意其浓度的变化。

(6)COD_{cr} 的测定结果应保留三位有效数字。

(7)仪器洗涤时,不能用铬酸洗液,应该用硝酸洗液。

回流法水样取用量和试剂用量如下：

水样体积（mL）	0.250 0 mol/L K₂Cr₂O₇ 溶液（mL）	H₂SO₄ – Ag₂SO₄（mL）	HgSO₄（g）	（NH₄）₂Fe（SO₄）₂（mol/L）	滴定前总体积（mL）
10.0	5.0	15	0.2	0.050	70
20.0	10.0	30	0.4	0.100	140
30.0	15.0	45	0.6	0.150	210
40.0	20.0	60	0.8	0.200	280
50.0	25.0	75	1.0	0.250	350

八、实验结果与讨论

实验十四　水中五日生物化学需氧量(BOD$_5$)的测定

一、实验目的

掌握五日生化需氧量的测定原理,掌握库仑式 BOD 测量仪的操作方法。了解配置稀释水和水样。

二、实验原理

生物化学需氧量是指在好氧条件下,微生物分解有机物质的生物化学过程中所需要的溶解氧量。

微生物分解有机物是一个缓慢的过程,要把可分解的有机物全部分解掉常需要 20 d 以上的时间,微生物的活动与温度有关,所以测定生化需氧量时,常以 20 ℃作为测定的标准温度。一般 5 d 消耗的氧量大约是总需氧量的 70%,为便于测定,目前国内外普遍采用 (20 ±1)℃培养 5 d,分别测定水样培养前后的溶解氧,二者之差为五日生化需氧量(BOD$_5$ 值),以氧的 mg/L 表示,简称 BOD$_5$。

气压计库仑式 BOD 测量仪工作原理:培养瓶内水样的溶解氧在进行生物化学反应时被消耗,则培养瓶内液上空间的 O$_2$ 便溶解入水样中,同时由反应产生的 CO$_2$ 从水中逸出而被置于瓶内的苏打、石灰所吸收,从而造成瓶内分压和总气压下降。该压力降由电极式压力计测出,并转换成电信号,该电信号经放大器放大,继电器闭合而带动同步马达工作。与此同时,电解瓶中酸性 CuSO$_4$ 溶液电解产生的 O$_2$ 又不断供给培养瓶,使瓶内气压逐渐恢复到原有数值,从而导致电器断开,则电解与马达均停止工作。通过这样的反复过程使培养瓶内空间始终处于恒压状态,以促进微生物的活动和生化反应的正常进行,根据库仑定律,反应过程中所消耗的氧量与电解时所需要的电量成正比。

三、实验仪器

实验仪器有 890 型微机 BOD 测定仪、溶解氧瓶、密封杯、搅拌子、pH 试纸、移液管、洗耳球、量筒。

四、实验试剂

(1)磷酸盐缓冲液。
(2)硫酸镁溶液。
(3)氯化钙溶液。
(4)氯化铁溶液。
(5)盐酸溶液。
(6)氢氧化钠溶液。
(7)葡萄糖 - 谷氨酸溶液。分别称取 150 mg 葡萄糖和谷氨酸(均于 130 ℃烘过 1 h),溶于水中,稀释至 1 L。

五、实验步骤

(1)接通培养箱电源,将培养箱上的开关拨至"设置"位置,调节温度电位器旋钮,使表头显示温度为 20 ℃,然后将温度开关拨至"测量"位置,并开启微处理机电源开关。

(2)预先估计被测样品的 BOD_5 值范围,选择接近的量程。水样中按每升水样各加入四种无机盐各 1 mL。同时,必须调节该水样的 pH 值,应为 6.7 ~ 7.5(最佳点为 pH = 7.2)。如超出这一范围,可用适当浓度的氢氧化钠或硫酸中和,然后用量筒按确定好的取样量量取水样倒入培养瓶中。

(3)每只培养瓶中放入 1 只搅拌子,培养瓶放在仪器放大器相应位置上。

(4)取 1 只清洗干净的密封杯,杯中放入占总高度 1/4 的固体氢氧化钠 5 粒,将密封杯与瓶口及连接头接触的两个面涂抹上薄薄一层凡士林,然后置于瓶口,如密封性好也可不涂,将与软管连接的瓶盖在培养瓶上旋紧。

(5)稳定 30 min 后,对 8 个通道分别进行调零,使实验开始时各通道显示值接近于零。

(6)量程设置:估计样品的 BOD_5 值,确定该样品所用量程。

(7)时间设置:预先确定好实验的总小时数,输入时间一般为 120 h。

(8)日期设置:按实验日期输入实验时间。

以上步骤完成后按"启动"键,实验开始测定,仪器周期性循环显示各样品的 BOD_5 值。

六、实验计算

(1)实验结果如下:

时间(h)									
BOD_5(mg/L)									

(2)绘图(横坐标为时间,纵坐标为 BOD_5 值)。

七、实验提示

水体发生生物化学过程必须具备:

(1)水体中存在能降解有机物的好氧微生物。对易降解的有机物,如碳水化合物、脂肪酸、油脂等,一般微生物均能将其降解;如硝基或磺酸基取代芳烃等,必须进行生物菌种的驯化。

(2)有足够的溶解氧。为此,稀释水要充分曝气以达到氧的饱和或接近饱和。稀释还可以降低水中有机污染物的浓度,使整个分解过程在有足够溶解氧的条件下进行。

(3)有微生物生长所需的营养物质,必须加入一定量的无机营养物质,如磷酸盐、钙盐、镁盐和铁盐等。

稀释法测定 BOD 是将水样经过适当稀释后,使其中含有足够的溶解氧供微生物和生化需氧的要求,将此水样分成两份:一份测定培养前的溶解氧;另一份放入 20 ℃恒温箱内培养 5 d 后测定溶解氧,两者的差值即为 BOD$_5$ 水中有机污染物的含量,含量越高,水中溶解氧消耗愈多,BOD 值也愈高,水质愈差。BOD 是一种量度水中可被生物降解部分有机物(包括某些无机物)的综合指标,常用来评价水体有机物的污染程度,并已成为污水处理过程中的一项基本指标。

稀释水:在 20 L 玻璃瓶内加入 18 L 水,用抽气泵或无油压缩机通入清洁空气 2 ~ 8 h,使水中溶解氧饱和或接近饱和(20 ℃时溶解氧大于 8 mg/L)。使用前,每升水中加入氯化钙溶液、三氯化铁溶液、硫酸镁溶液和磷酸盐溶液各 1 mL,混匀,其 BOD$_5$ 应小于 0.2 mg/L。

接种稀释水:取适量生活污水于 20 ℃放置 24 ~ 36 h,上层清液即为接种液,每升稀释水中加入 1 ~ 3 mL 接种液即为接种稀释水。对某些特殊工业废水最好加入专门培养驯化过的菌种。

水样的采集、贮存和预处理:采集水样于适当大小的玻璃瓶中(根据水质情况而定),用玻璃塞塞紧,且不留气泡。采样后,需在 2 h 内测定;否则,应在 4 ℃或 4 ℃以下保存,且应在采集后 10 h 内测定。

用 1 mol/L 的氢氧化钠或 1 mol/L 的盐酸溶液调节 pH 值为 7.2。

游离氯大于 0.10 mg/L 的水样,加亚硫酸钠或硫代硫酸钠除去(见下文注意事项①),确定稀释倍数(见下文注意事项②)。

水样的稀释:根据确定的稀释倍数,用虹吸法把一定量的污水引入 1 L 量筒中,再沿壁慢慢加入所需稀释水(接种稀释水),用特制搅拌棒在水面以下慢慢搅匀(不应产生气泡),然后沿瓶壁慢慢倾入两个预先编号、体积相同(250 mL)的碘量瓶中,直到充满后溢出少许。盖严并水封,注意瓶内不应有气泡。

用同样的方法配制另两份稀释比水样。

对照样的配制:另取两个有编号的碘量瓶加入稀释水或接种水作为空白。

培养:将各稀释比的水样,稀释水(接种稀释水)空白各取一瓶放入(20 ± 1)℃的培养箱内培养 5 d,培养过程中需每天添加封口水。

溶解氧的测定:用碘量法测定未经培养的各份稀释比的水样和空白水样中的剩余溶

解氧。

用同样的方法测定经培养 5 d 后,各份稀释水样和溶解水样中的剩余溶解氧。

注意事项如下:

①为除去水样中游离氯而加入亚硫酸钠或硫代硫酸钠的量可用实验方法得到。取 100.0 mL 待测水样于碘量瓶中,加入 1 mL 1% 的硫酸溶液,1 mL 10% 的碘化钾溶液,摇匀,以淀粉为指示剂,用标准硫代硫酸钠或亚硫酸钠溶液滴定,计算 100 mL 水样所需硫代硫酸钠溶液的量,推算所用水样应加入的量。

②稀释比应根据水中有机物的含量来确定。

◇　较为清洁的水样,不需稀释。

◇　污染严重的水样,稀释 100 ~ 1 000 倍。

◇　常规沉淀过污水,稀释 20 ~ 100 倍。

◇　受污染的河水,稀释 0 ~ 4 倍。

不了解性质的水样,稀释倍数从 COD 值估算,取大于酸性高锰酸盐指数值的 1/4,小于 COD_{cr} 值的 1/5,原则上是以培养后减少的溶解氧占培养前溶解氧的 40% ~ 70% 为宜。

③操作最好在 20 ℃ 左右室温下进行,所用稀释水和水样应保持在 20 ℃ 左右。

④所用试剂和稀释水如发现浑浊有细菌生长时,应弃去重新配制,或用葡萄糖 - 谷氨酸标准溶液校核。当测定 2% 稀释度的葡萄糖 - 谷氨酸标准溶液时,若 BOD_5 超过 180 ~ 230 mg/L 范围,则说明试剂或稀释水有问题或操作技术有问题。

八、实验结果与讨论

实验十五　邻二氮菲吸收光谱法测定水中的铁

一、实验目的

(1)掌握邻二氮菲分光光度法测定铁的原理和方法。

(2)熟悉吸收光谱法中测定条件的选择方法。

(3)掌握分光光度计的正确使用方法,并了解此仪器的主要构造。

二、实验原理

邻二氮菲 – $Fe(Ⅱ)$吸收光谱中的最大光谱 λ_{max} 确定后,还需掌握在 λ_{max} 处显色剂的用量、溶液的 pH 值、显色时间、温度、显色化合物的稳定性以及溶液中共存离子的影响等。此外,还要了解测定方法的适用范围、准确度、灵敏度等。本实验以水中微量铁(Fe^{2+})与邻二氮菲反应的几个条件实验为例,使学生学会如何确定测定条件和如何研究分光光度法。

Fe^{2+} 与邻二氮菲在一定条件下生成邻二氮菲 – $Fe(Ⅱ)$橙红色络合物($\lambda_{max} = 508$ nm,$\varepsilon = 1.1$ 万 L/(mol·cm)),该络合物在暗处可稳定半年。在 508 nm 处测定吸光度值,用标准曲线法可求得水样中 Fe^{2+} 的含量。若用盐酸羟胺 $NH_2OH·HCl$ 等还原剂将水中的 Fe^{3+} 还原为 Fe^{2+},则本法可测定水中总铁、Fe^{2+} 和 Fe^{3+} 各自的含量。

三、实验仪器

(1)分光光度计。

(2)pH 计,精密 pH 试纸。

(3)容量瓶 100 mL,2 支。

(4)具塞磨口比色管 50 mL,10 支。

(5)吸量管 1 mL、2 mL、10 mL 各 1 支。

(6)坐标纸。

四、实验试剂

(1)铁标准溶液(Ⅰ)($Fe^{2+} = 100$ μg/mL):准确称取 0.702 2 g 分析纯硫酸亚铁铵$(NH_4)_2Fe(SO_4)_2·6H_2O$,放入烧杯中,加入 20 mL (1 + 1)HCl,溶解后移入 1 000 mL 容量瓶中,用去离子水稀释至刻度,混匀。此溶液中铁的含量为 100 μg/mL,Fe^{2+} 的物质的量浓度为 $1.79 × 10^{-3}$ mol/L。

(2)铁标准溶液(Ⅱ)($Fe^{2+} = 10$ μg/mL):用吸量管准确吸取 10.0 mL 铁标准溶液(Ⅰ)至 100 mL 容量瓶中,用去离子水稀释至刻度。此溶液中铁的含量为 10 μg/mL。

(3)0.15%(m/V)的邻二氮菲水溶液(新鲜配制)。

(4)10%(m/V)的盐酸羟胺 $NH_2OH·HCl$ 水溶液(新鲜配制)。

(5)缓冲溶液(pH = 4.6):将 68 g 乙酸钠溶于约 500 mL 蒸馏水中,加入 29 mL 冰乙酸稀释至 1 L。

（6）0.1 mol/L NaOH 溶液。

（7）含铁水样（总铁含量为 0.30 ~ 1.40 mg/L）。

五、实验步骤（根据实际情况，可穿插进行）

（一）显色络合物的稳定性试验

（1）取 1.0 mL 铁标准溶液（Ⅰ）（ Fe^{2+} = 100 μg/mL），同时吸取 1.0 mL 去离子水作空白。分别放入 50 mL 比色管中，加入 1.0 mL 10% 的 $NH_2OH \cdot HCl$ 溶液，混匀；放置 2 min 后，加入 2.0 mL 0.15% 的邻二氮菲溶液和 5.0 mL 缓冲溶液，用去离子水稀释至刻度，混匀。

（2）在选定的波长下（ λ_{max} = 508 nm），用 1 cm 比色皿，以试剂空白调吸光度值为零，立即测定吸光度值。

（3）放置 30 min、1.5 h 和 4 h，再分别测定吸光度值并记录。

（二）显色剂用量的确定

（1）依次吸取 1.0 mL 铁标准溶液（Ⅰ）（ Fe^{2+} = 100 μg/mL）和 1.0 mL 10% 的 $NH_2OH \cdot HCl$ 溶液各 7 份，放入 7 个 50 mL 的比色管中，混匀；静置 2 min，分别加入 0（空白）、0.10 mL、0.30 mL、0.50 mL、1.00 mL、2.00 mL 及 4.00 mL 0.15% 的邻二氮菲溶液和 5.0 mL 缓冲溶液，以去离子水稀释至刻度，混匀。

（2）在分光光度计上，用 1 cm 比色皿，以不含显色剂溶液为空白，在 508 nm 处测定吸光度值，记录。

（三）显色溶液 pH 值的确定

（1）吸取 1.0 mL 铁标准溶液（Ⅰ）（ Fe^{2+} = 100 μg/mL）和 1.0 mL 10% 的 $NH_2OH \cdot HCl$ 溶液各 8 份，依次放入 8 个 50 mL 的比色管中，混匀；静置 2 min，再加入 2.0 mL 0.15% 的邻二氮菲溶液，混匀；分别加入 0（空白）、2 mL、5 mL、10 mL、20 mL、25 mL、30 mL 和 40 mL 0.1 mol/L 的 NaOH 溶液，用去离子水稀释至刻度，混匀。在 508 nm 处，用 1 cm 比色皿，以去离子水为空白，测定吸光度值，记录。

（2）然后用 pH 计或精密 pH 试纸分别测定 pH 值，记录。

（四）标准曲线的绘制

（1）用吸量管准确吸取 0（空白）、0.50 mL、1.00 mL、2.50 mL、3.50 mL、5.00 mL 和 7.00 mL 铁标准溶液（Ⅱ）（ Fe^{2+} = 10 μg/mL），分别放入 50 mL 比色管中。各加入 1.0 mL 10% 的 $NH_2OH \cdot HCl$ 溶液，混匀；静置 2 min 后，再各加入 2.0 mL 0.15% 的邻二氮菲溶液和 5.0 mL 缓冲溶液，用水稀释至刻度，混匀，放置 10 min。

（2）在分光光度计上，在 508 nm 处，用 1 cm 比色皿，以"空白试验"调零，测定各溶液的吸光度值，做记录。

（3）以铁含量为横坐标，对应的吸光度值为纵坐标，绘制标准曲线。

（五）水样中铁的测定（总铁含量为 0.30 ~ 1.40 mg/L）

1. 总铁的测定

用移液管吸取 25 mL 水样，放入 50 mL 比色管中，接着按绘制标准曲线程序测定吸光度值。在标准曲线上查出水样中总铁含量(共做 3 份平行样)。

2.Fe^{2+} 的测定

用移液管吸取 25 mL 水样,放入 50 mL 比色管中,不加 $NH_2OH \cdot HCl$ 溶液,以下按绘制标准曲线步骤进行,测定吸光度值,在标准曲线上查出水样中 Fe^{2+} 的含量。

3.计算

$$铁(mg/L) = \frac{m}{V}$$

或

$$铁(mg/L) = \frac{C_{标 \cdot Fe} \times 50}{V}$$

式中　m——标准曲线上查出总铁或 Fe^{2+} 的含量,μg;

　　　$C_{标 \cdot Fe}$——标准曲线上查出总铁或 Fe^{2+} 的含量,mg/L;

　　　V——水样的体积,mL;

　　　50——水样稀释最终体积,mL。

(六)实验结果记录与处理

(1)显色络合物的稳定性。

放置时间(h)	立即	0.5	1.5	4.0
吸光度值				

在坐标纸上,以放置时间为横坐标,对应的吸光度为纵坐标,绘制放置时间(t)—吸光度(A)关系曲线。

(2)显色剂用量的确定。

0.15%的邻二氮菲溶液(1 mL)	0.10	0.30	0.50	1.0	2.0	4.0
吸光度值						
适宜的显色剂用量						

在坐标纸上,以邻二氮菲的加入量(mL)为横坐标,对应的吸光度值为纵坐标,绘制显色剂用量—吸光度关系曲线,从中找出适宜的显色剂用量。

(3)显色溶液 pH 值的确定。

0.1 mol/L NaOH 溶液用量(mL)	0	2	5	10	20	25	30	40
溶液 pH 值								
吸光度值								
适宜的 pH 值区间								

在坐标纸上,以 pH 值为横坐标,对应的吸光度值为纵坐标,作 pH 值—吸光度关系曲线。从中找出适宜的 pH 值区间。

（4）标准曲线的绘制（终体积 50 mL）。

铁标准溶液（10 μg/mL）	1	2	3	4	5	6	7
加入量（mL）	0	0.50	1.00	2.50	3.50	5.00	7.00
Fe^{2+} 含量（μg）	0	5.0	10.0	25.0	35.0	50.0	70.0
Fe^{2+} 浓度（mg/mL）	0	0.10	0.20	0.50	0.70	1.00	1.40
吸光度值	0						

（5）水样的测定。

总 铁	水样编号	1	2	3		Fe^{2+}	水样编号	1	2	3
	吸光度值						吸光度值			
	Fe^{2+} 含量（μg）						Fe^{2+} 含量（μg）			
	Fe^{2+} 含量（mg/L）						Fe^{2+} 含量（mg/L）			
	平均含量（mg/L）						平均含量（mg/L）			

六、实验提示

（1）本实验旨在学会分光光度法测定水中微量物质时的最基本操作条件、原理和方法以及分光光度计的使用。因此，要仔细阅读仪器说明书，了解仪器的构造和各个旋钮的功能；在使用时，一定要遵守操作规程和听从老师的指导。

（2）在每次测定前，应先做比色皿配对性试验。方法是：将同样厚度的 4 个比色皿分别编号，都装空白溶液，在 508 nm 处测定各比色皿的吸光度（或透光率），结果应相同。若有显著差异，应将比色皿重新洗涤后再装空白溶液测定，直到吸光度（或透光率）一致。若经多次洗涤后，仍有显著差异，则用下法校正：

①以吸光度最小的比色皿为 0，测定其余 3 个比色皿的吸光度值作为校正值。

②测定水样或溶液时，以吸光度为零的比色皿作空白，用其他各皿装溶液，测各吸光度值减去所用比色皿的校正值。

（3）拿取比色皿时，只能用手指捏住毛玻璃的两面，手指不得接触其透光面。盛好溶液（至比色皿高度的 4/5 处）后，先用滤纸轻轻吸去外部的水（或溶液），再用擦镜纸轻轻擦拭透光面，直至洁净透明。另外，还应注意比色皿内不得粘附小气泡，否则影响透光率。

（4）测量之前，比色皿需用被测溶液荡洗 2～3 次，然后盛溶液。比色皿用毕后，应立即取出，用自来水及蒸馏水洗净，倒立晾干。

七、实验结果与讨论

实验十六　水中总磷的测定

水中磷主要以各种磷酸盐、有机磷等形式存在,也存在于腐殖质粒子和水生生物中。其主要来源为生活污水、化肥、有机磷农药及近代洗涤剂所用的磷酸盐增洁剂等。磷酸盐会干扰水厂中水的混凝过程。水体中的磷是藻类生长需要的一种关键元素,过量磷是造成水体污秽异臭、使湖泊发生富营养化和海湾出现赤潮的主要原因。

总磷是水样经消解后将各种形态的磷转变成正磷酸盐后测定的结果,以每升水样含磷毫克数计量。

本实验采用过硫酸钾(或硝酸 – 高氯酸)为氧化剂,将未经过滤的水样消解,用钼酸铵分光光度测定总磷的方法。总磷包括溶解的、颗粒的、有机的和无机的。本标准适用于地表水、污水和工业废水。本标准的最低检出浓度为 0.01 mg/L,测定上限为 0.6 mg/L。在酸性条件下,砷、铬、硫干扰测定。

一、实验目的

掌握钼酸铵分光光度法测定水中总磷的原理及操作方法。

二、实验原理

在中性条件下用过硫酸钾(或硝酸 – 高氯酸)使试样消解,将所含磷全部氧化为正磷酸盐。在酸性介质中,正磷酸盐与钼酸铵反应,在锑盐存在的情况下生成磷钼杂多酸后,立即被抗坏血酸还原,生成蓝色的络合物,其色度与总磷含量成正比,在 700 nm 波长处测量其吸光度,可计算其含量。

三、实验仪器

(1)消解器或一般压力锅($1.1 \sim 1.4 \ kg/cm^2$)。

(2)50 mL 具塞(磨口)刻度管。

(3)分光光度计。

四、实验试剂

(1)硫酸(H_2SO_4),密度为 1.84 g/mL。

(2)硝酸(HNO_3),密度为 1.40 g/mL。

(3)高氯酸($HClO_4$),优级纯,密度为 1.68 g/mL。

(4)(1 +1)硫酸溶液。1 份水 +1 份硫酸,体积比。

(5)硫酸($1/2H_2SO_4$),约 1 mol/L:将 27 mL 硫酸(1)加入到 973 mL 水中。

(6)氢氧化钠(NaOH),1 mol/L 溶液:将 40 g 氢氧化钠溶于水,并稀释至 1 000 mL。

(7)氢氧化钠(NaOH),6 mol/L 溶液:将 240 g 氢氧化钠溶于水,并稀释至 1 000 mL。

(8)过硫酸钾,50 g/L 溶液:将 5 g 过硫酸钾($K_2S_2O_8$)溶解于水,并稀释至 100 mL。

(9)抗坏血酸,100 g/L 溶液:溶解 10 g 抗坏血酸($C_6H_8O_6$)于水中,并稀释至 100 mL。

此溶液贮于棕色的试剂瓶中,在冷处可稳定几周。如不变色可长时间使用。

(10)钼酸盐溶液:溶解 13 g 钼酸铵 $[(NH_4)_6Mo_7O_{24} \cdot 4H_2O]$ 于 100 mL 水中。溶解 0.35 g 酒石酸锑钾($KSbC_4H_4O_7 \cdot 1/2 H_2O$)于 100 mL 水中。边搅拌边把钼酸铵溶液徐徐加到 300 mL 硫酸(4)中,加酒石酸锑钾溶液并且混合均匀。此溶液贮存于棕色试剂瓶中,放在约 4 ℃处可保存 2 个月。

(11)浊度 – 色度补偿液:混合两个体积硫酸(4)和一个体积抗坏血酸溶液(9)。使用当天配制。

(12)磷标准贮备溶液:称取(0.219 7 ± 0.001)g 于 110 ℃干燥 2 h,在干燥器中放冷的磷酸二氢钾(KH_2PO_4),用水溶解后转移至 1 000 mL 容量瓶中,加入大约 800 mL 水,加 5 mL 硫酸(4)用水稀释至标线并混匀。1.00 mL 此标准溶液含 50.0 μg 磷。本溶液在玻璃瓶中可贮存至少 6 个月。

(13)磷标准使用溶液:将 10.0 mL 的磷标准溶液(12)转移至 250 mL 容量瓶中,用水稀释至标线并混匀。1.00 mL 此标准溶液含 2.0 μg 磷。使用当天配制。

(14)酚酞,10 g/L 溶液:0.5 g 酚酞溶于 50 mL 95%的乙醇中。

五、采样和样品

(1)采取 500 mL 水样后加入 1 mL 硫酸(1)调节样品的 pH 值,使之低于或等于 1,或不加任何试剂冷藏保存。

(2)试样的制备:取 25 mL 样品于具塞刻度管中。取时应仔细摇匀,以得到溶解部分和悬浮部分均具有代表性的试样。如样品中含磷浓度较高,试样体积可以减少。

六、实验步骤

(一)工作曲线的绘制

(1)取 7 支具塞刻度管分别加入 0、0.50 mL、1.00 mL、3.00 mL、5.00 mL、10.0 mL、15.0 mL 磷酸盐标准溶液。

(2)显色:向比色管中加入 1 mL 10%的抗坏血酸溶液,混匀。30 s 后加 2 mL 钼酸盐溶液充分混匀,加水至 50 mL。放置 15 min。

(3)测量:用 10 mm 的比色皿,于 700 nm 波长处,以水做参比,测定吸光度。扣除空白试验的吸光度后,根据测量的吸光度和相应的磷浓度绘制标准曲线。

(二)样品测定

(1)过硫酸钾消解:向试样中加 4 mL 过硫酸钾,将具塞刻度管的盖塞紧后,用一小块布和线将玻璃塞扎紧(或用其他方法固定),放在大烧杯中置于高压蒸气消毒器中加热,待压力达 1.1 kg/cm² ,相应温度为 120 ℃时保持 30 min 后停止加热。待压力表读数降至零后,取出放冷,然后用水稀释至标线。如用硫酸保存水样,当用过硫酸钾消解时,需先将试样调至中性。

(2)硝酸 – 高氯酸消解:取 25 mL 试样于锥形瓶中,加数粒玻璃珠,加 2 mL 硝酸在电热板上加热浓缩至 10 mL。冷却后加 5 mL 硝酸,再加热浓缩至 10 mL,放冷。加 3 mL 高氯酸,加热至高氯酸冒白烟,此时可在锥形瓶上加小漏斗或调节电热板的温度,使消解液在锥形瓶内壁保持回流状态,直至剩下 3 ~ 4 mL,放冷。加水 10 mL,加 1 滴酚酞指示剂。滴加氢氧化钠溶液(1 mol/L 或 6 mol/L)至刚呈微红色,再滴加硫酸溶液(1 mol/L),使微红刚好褪去,充分混匀。移至具塞刻度管中,用水稀释至标线。

(3)显色:分别向各份消解液中加入 1 mL 抗坏血酸溶液(9),混匀,30 s 后加 2 mL 钼酸盐溶液(10)充分混匀。如试样中含有浊度或色度时,需配制一个空白试样(消解后用水稀释至标线),然后向试样中加入 3 mL 浊度 - 色度补偿液,但不加抗坏血酸溶液和钼酸盐溶液,然后从试样的吸光度中扣除空白试样的吸光度。

(4)分光光度测量:室温下放置 15 min 后,使用光程为 10 mm 或 30 mm 的比色皿,在700 nm 波长下,以水做参比,测定吸光度。扣除空白试样的吸光度后,从工作曲线上查得磷的含量。

注:如显色时室温低于 13 ℃,在 20 ~ 30 ℃ 水浴中显色 15 min 即可。

(5)空白试验。用水代替试样,加入与测定时相同体积的试剂,按样品的测定步骤进行空白试验。

(6)实验结果。

实验结果记录如下:

标准曲线		1	2	3	4	5	6	7	空白	水样测定
标准系列体积(mL)										
总磷含量(mg/L)										
吸光度值	1									
	2									
	3									
吸光度平均值										

(7)绘图。

以浓度为横坐标,吸光度为纵坐标绘图。

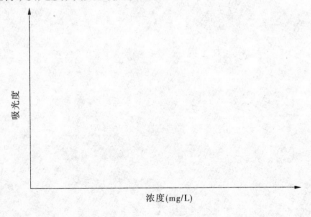

七、实验计算

总磷含量以 $C(\mathrm{mg/L})$ 表示,按下式计算:

$$C(\mathrm{mg/L}) = \frac{m}{V}$$

式中　m——试样测得含磷量,μg;

　　　　V——测定用试样的体积,mL。

八、实验提示

(1)含磷量较少的水样,不要用塑料瓶采样,因磷酸盐易吸附在塑料瓶壁上。

(2)所有玻璃器皿均应用稀盐酸或稀硝酸浸泡。

(3)要注意以下几点:①用硝酸－高氯酸消解需要在通风橱中进行。高氯酸和有机物的混合物经加热易发生危险,需将试样先用硝酸消解,然后加入硝酸－高氯酸进行消解。②绝不可把消解的试样蒸干。③如消解后有残渣,用滤纸过滤于具塞刻度管中,并用水充分清洗锥形瓶及滤纸,一并移到具塞刻度管中。④水样中的有机物用过硫酸钾氧化不能完全破坏时,可用此法消解。

(4)砷大于 2 mg/L 干扰测定,用硫代硫酸钠去除。硫化物大于 2 mg/L 干扰测定,通氮气去除。铬大于 50 mg/L 干扰测定,用亚硫酸钠去除。

九、实验结果与讨论

实验十七　水中总氮的测定

总氮是水中所含氨氮、硝酸盐氮、亚硝酸盐氮和有机氮的总称,其测定有助于评价水体被污染状况和自净状况。当地表水中氮物质超标时,微生物大量繁殖,浮游生物生长旺盛,出现富营养化状态。水中的总氮含量是表征湖库水质富营养化程度的重要指标之一。

水中总氮的测定方法主要有碱性过硫酸钾紫外分光光度法(GB 11894—89)、气相分子吸收光谱法,也有的采用氨氮、硝酸根、亚硝酸根分别进行测量,然后将结果累加值作为总氮的测量结果。典型应用如德国的 WTW。

在环境地表水、水质监测领域,碱性过硫酸钾紫外分光光度法及其优化方法是目前的主要方法。本方法适用于地表水、水库、湖泊、江河水中总氮的测定。检出限为 0.050 mg/L,测定下限为 0.05 mg/L,上限为 45 mg/L。

一、实验目的

掌握碱性过硫酸钾紫外分光光度法测定水中总氮的原理及操作方法。

二、实验原理

在 60 ℃以上的水溶液中,过硫酸钾可分解产生氢离子和氧,加入氢氧化钠用以中和氢离子,使过硫酸钾分解完全。在 120 ~124 ℃的碱性介质条件下,用过硫酸钾作氧化剂,将水样中氨、铵盐、亚硝酸盐以及大部分有机氮化合物氧化成硝酸盐后,以硝酸盐氮的形式采用紫外分光光度法进行总氮的测定。

三、实验仪器

实验仪器有紫外分光光度计、石英比色皿、消解器、25 mL 的具塞比色管。

四、实验试剂

(一)无氨水的制备
将一般去离子水用硫酸酸化至 pH <2 后进行蒸馏,弃去最初 100 mL 馏出液,收集后面足够的馏出液,密封保存在聚乙烯容器中。

(二)碱性过硫酸钾溶液
称取 40 g 过硫酸钾、15 g 氢氧化钠,溶于无氨水中,稀释至 1 000 mL。溶液贮存在聚乙烯瓶中,可贮存一周。在本实验中,可按需要,算小倍数进行配置。

(三)(1 +9)盐酸
1 体积的浓盐酸倒入 9 体积的无氨水中。

(四)硝酸钾标准溶液
(1)硝酸钾标准贮备液:称取 0.712 8 g 经 105 ~110 ℃烘干 4 h 的优级纯硝酸钾溶于无氨水中,移至 1 000 mL 容量瓶中,定容。此溶液每毫升含 100 μg 的硝酸盐氮。

此溶液在 0 ~10 ℃暗处保存,或加入 2 mL 三氯甲烷,至少可稳定 6 个月。

(2)硝酸钾标准使用液:将贮备液用无氨水稀释 10 倍而得。此溶液每毫升含 10 μg

的硝酸盐氮。使用时现配置,可吸取 10 mL 稀释至 100 mL。

五、水样的采集与保存

水样采集在聚乙烯瓶中,采集后立即放入冰箱中或低于 4 ℃ 的条件保存,在 24 h 内进行测定。水样放置时间较长,可在 1 000 mL 的水样中加入约 0.5 mL 的硫酸,用硫酸酸化至 pH < 2,并尽快测定,测定时,水样的 pH 值应为 5 ~ 9。

六、实验步骤

(一)标准曲线的绘制

(1)分别吸取 0、0.5 mL、1.0 mL、2.0 mL、3.0 mL、5.0 mL、7.0 mL、8.0 mL 的硝酸钾标准使用液于 25 mL 比色管中,用无氨水稀释至 10 mL 标线。

(2)加入 5 mL 碱性过硫酸钾溶液,塞紧塞子。

(3)将比色管放入消解器中,待温度升至 120 ~ 124 ℃ 时开始计时,消解 30 min。

(4)取出比色管,冷却至室温。

(5)加入(1 + 9)盐酸 1 mL,用无氨水稀释至 25 mL 标线。

(6)在紫外分光光度计上,以无氨水做参比,用 10 mm 石英比色皿分别在 220 nm 和 275 nm 波长处测定其吸光度(A),用 $A = A_{220} - 2 \times A_{275}$ 绘制标准曲线。

(二)紫外分光光度计上的测定步骤

(1)前后两个池都放入无氨水,按 AUTOZERO 键。

(2)取出前面样品池中的无氨水,分别放入标准测定液,按 START 键,分别在 220 nm 和 275 nm 波长处进行测定。

(3)绘制标准曲线。

(三)样品测定步骤

(1)取 10 mL 水样,或取适量水样(使含氮量为 20 ~ 80 ug),按标准曲线绘制步骤(2) ~ (6)进行操作。

(2)空白实验:用水代替水样,加入与测定时相同体积的试剂,按样品的测定步骤进行空白实验。

(3)样品在紫外分光光度计上的测定步骤:

①把标准曲线的 K 与 b 输入到紫外分光光度计中,绘出一条曲线,在此曲线下测定样品的吸光度。

②不再进行归零,后面参比池中不变,在样品池中依次测定各样品的吸光度和浓度。

(四)实验结果

实验结果记录如下:

标准曲线		1	2	3	4	5	6	7	8	水样测定
标准系列体积(mL)										
总氮含量(mg/L)										
吸光度值	220 nm									
	275 nm									
校正吸光度值										

（五）绘图

以浓度为横坐标,吸光度为纵坐标绘图。

七、实验计算

用紫外分光光度法分别于波长 220 nm 与 275 nm 处测量其吸光度,按 $A = A_{220} - 2 \times A_{275}$ 计算硝酸盐氮的吸光度值,然后按校正后的吸光度,在标准曲线上查出相应的含氮量,再用下列公式计算总氮量:

$$总氮(mg/L) = \frac{C \times 25}{V}$$

式中　C——从标准曲线上查得的含氮量,$\mu g/mL$;

　　　25——定容体积;

　　　V——所取水样的体积,mL。

八、实验提示

(1)实验用水:因为实验室环境中常存在氨,因此均要求实验用水必须为无氨水,以酸化蒸馏法制备为最好(1 L 水中加 0.1 mL 硫酸),有些人提出实验用水为超纯水或电导率低于 0.5 $\mu S/cm$ 的水。另外,无氨水的加入顺序对吸光度也有影响,在空白试验中,可以在消解后再加入无氨水,使氨水中的氮不会被氧化为 NO_3^-,对结果产生的误差较小。无氨水的吸光值随存放时间的延长而增大,因此要现配现用。

(2)器皿的洗涤:标准法要求所用玻璃器皿用(1+9)盐酸浸泡,清洗后再用无氨水冲洗数次,有些人提出用(1+3)硫酸荡洗,可有效地达到去除干扰物的目的。对于石英比色皿,用(1+2)盐酸、乙醇洗液洗涤。

(3)实验室环境:总氮分析应在无氨、无尘、通风良好的环境中进行,应避免与氨氮、硝酸盐氮、亚硝酸盐氮等实验项目同处一室进行分析;挥发酚、总硬度在测定中均使用挥发性较大的浓氨水,也应避开。同时,试剂、玻璃器皿应避开氨的交叉污染,最好专用。

九、实验结果与讨论

实验十八　水中氨氮的测定

氨氮是指水中以游离氨（NH_3）和离子氨（NH_4^+）形式存在的氮。自然地表水体和地下水体中主要以硝酸盐氮（NO_3^-）为主，以及以游离氨（NH_3）和氨离子（NH_4^+）形式存在的氮。

氨氮是水体中的营养素，可导致水富营养化现象产生，是水体中的主要耗氧污染物，含量较高时，对鱼类及某些水生生物有毒害作用。

氨氮主要来源于人和动物的排泄物，生活污水中平均含氮量每人每年可达 2.5 ~ 4.5 kg。雨水径流以及农用化肥的流失也是氨氮的重要来源。另外，氨氮还来自化工、冶金、石油化工、油漆颜料、煤气、炼焦、鞣革、化肥等工业废水中。

一、实验目的

（1）熟悉水中氨氮的预蒸馏方法。

（2）掌握纳氏试剂比色法测定水中氨氮的原理及操作方法。

二、实验原理

氨氮与碘化汞和碘化钾的碱性溶液反应生成淡红棕色胶态化合物（络合物），其色度与氨氮含量成正比，可在波长 420 nm 处测其吸光度，计算其含量。

本法最低检出浓度为 0.025 mg/L，测定上限为 2 mg/L。水样作适当的预处理后，本法可用于地表水、地下水、工业废水和生活污水中氨氮的测定。

三、实验仪器

（1）带氮球的定氮蒸馏装置：500 mL 凯氏烧瓶、氮球、直形冷凝管和导管。

（2）分光光度计。

（3）pH 计。

（4）具塞比色管：50 mL。

四、实验试剂

配制试剂用水均应为无氨水。

（1）无氨水可选用下列方法之一进行制备。

①蒸馏法：每升蒸馏水中加 0.1 mL 硫酸，在全玻璃蒸馏器中重蒸馏，弃去 50 mL 初馏液，取其余馏出液于具塞磨口的玻璃瓶中，密塞保存。

②离子交换法：使蒸馏水通过强酸型阳离子交换树脂柱。

（2）1 mol/L 的盐酸溶液。

（3）1 mol/L 的氢氧化钠溶液。

（4）轻质氧化镁（MgO）：将氧化镁在 500 ℃下加热，以除去碳酸盐。

（5）0.05% 的溴百里酚蓝指示剂变色范围为 6.0 ~ 7.6。

（6）防沫剂，如石蜡碎片。

(7)吸收液。

①硼酸溶液:称取 20 g 硼酸溶于水,稀释至 1 L。

② 0.01 mol/L 的硫酸溶液。

(8)纳氏试剂可选择下列方法之一制备:

①称取 20 g 碘化钾溶于约 100 mL 水中,边搅拌边分次少量加入二氯化汞($HgCl_2$)结晶粉末(约 10 g),至出现朱红色沉淀不易溶解时,改为滴加饱和二氯化汞溶液,并充分搅拌,当出现微量朱红色沉淀不再溶解时,停止滴加二氯化汞溶液。

另称取 60 g 氢氧化钾溶于水,并稀释至 250 mL,冷却至室温后,将上述溶液徐徐注入氢氧化钾溶液中,用水稀释至 400 mL,混匀。静置过夜,将上清液移入聚乙烯瓶中,密封保存。

②称取 16 g 氢氧化钠,溶于 50 mL 水中,充分冷却至室温。

另称取 7 g 碘化钾和碘化汞(HgI_2)溶于水,然后将此溶液在搅拌下徐徐注入氢氧化钠溶液中,用水稀释至 100 mL,贮于聚乙烯瓶中,密封保存。

(9)酒石酸钾钠溶液:称取 50 g 酒石酸钾钠($KNaC_4H_4O_6 \cdot 4H_2O$)溶于 100 mL 水中,加热煮沸以除去氨,放冷,定容至 100 mL。

(10)铵标准贮备溶液:称取 3.819 g 经 100 ℃ 干燥过的优级纯氯化铵(NH_4Cl)溶于水中,移入 1 000 mL 容量瓶中,稀释至标线。此溶液每毫升含 1.00 mg 氨氮。

(11)铵标准使用溶液:移取 5.00 mL 铵标准贮备溶液于 500 mL 容量瓶中,用水稀释至标线,此溶液每毫升含 0.010 mg 氨氮。

五、实验步骤

(一)水样预处理

取 250 mL 水样(如氨氮含量较高,可取适量水样并加水至 250 mL,使氨氮含量不超过 2.5 mg),移入凯氏烧瓶中,加数滴溴百里酚蓝指示剂,用氢氧化钠溶液或盐酸溶液调节至 pH 值在 7 左右。加入 0.25 g 轻质氧化镁和数粒玻璃珠,立即连接氮球和冷凝管,导管下端插入吸收液液面下。加热蒸馏,至馏出液达 200 mL 时,停止蒸馏,定容至 250 mL。采用酸滴定法或纳氏比色法时,以 50 mL 硼酸溶液为吸收液。采用水杨酸－次氯酸盐比色法时,改用 50 mL 0.01 mol/L 的硫酸溶液为吸收液。

(二)标准曲线的绘制

吸取 0、0.50 mL、1.00 mL、3.00 mL、5.00 mL、7.00 mL 和 10.0 mL 铵标准使用液分别于 50 mL 比色管中,加水至标线,加 1.0 mL 酒石酸钾钠溶液,混匀。加 1.5 mL 纳氏试剂,混匀。放置 10 min 后,在波长 420 nm 处,用光程 20 mm 比色皿,以水为参比,测定吸光度。由测得的吸光度减去零浓度空白管的吸光度后,得到校正吸光度,绘制以氨氮含量(mg)对校正吸光度的标准曲线。

(三)水样的测定

(1)分取适量经絮凝沉淀预处理后的水样(使氨氮含量不超过 0.1 mg),加入 50 mL 比色管中,稀释至标线,加入 0.1 mL 酒石酸钾钠溶液,以下操作方法同标准曲线的绘制。

(2)分取适量经蒸馏预处理后的馏出液,加入 50 mL 比色管中,加一定量 1 mol/L 的氢氧化钠溶液,以中和硼酸,稀释至标线。加 1.5 mL 纳氏试剂,混匀。放置 10 min 后,同标准曲线步骤测量吸光度。

(四)空白实验

以无氨水代替水样,做全程序空白测定。

(五)实验结果

实验结果记录如下:

标准曲线	1	2	3	4	5	6	7	水样测定
标准系列体积(mL)								
氨氮含量(mg/L)								
吸光度值								
校正吸光度值								

(六)绘图

以浓度为横坐标,吸光度为纵坐标绘图。

六、实验计算

由水样测得的吸光度减去空白实验的吸光度后,从标准曲线上查得氨氮量(mg),按下式计算:

$$氨氮(N,mg/L) = \frac{m}{V} \times 1\,000$$

式中 m——由标准曲线查得的氨氮量,mg;

V——水样的体积,mL。

七、实验提示

(1)纳氏试剂中碘化汞与碘化钾的比例,对显色反应的灵敏度有较大影响,静置后生成的沉淀应除去。

(2)所用玻璃皿应避免实验室空气中氨的玷污,使用时注意用无氨水洗涤。

八、实验结果与讨论

实验十九 水中铬离子的测定

铬(Cr)的化合物的常见价态有三价和六价。六价铬一般以 CrO_4^{2-}、$HCrO_4^-$ 两种阴离子存在,三价铬和六价铬的化合物可以相互转化。铬的工业来源主要是含铬矿石的加工、金属表面处理、皮革鞣制、印染等行业。

铬的测定可采用二苯碳酰二肼分光光度法、原子吸收分光光度法和滴定法。清洁的水可直接用二苯碳酰二肼分光光度法测定。如果要测定总铬,可用高锰酸钾将三价铬氧化成六价铬后再用二苯碳酰二肼分光光度法测定。水样含铬量较高时,可用硫酸亚铁铵滴定法。

法一 二苯碳酰二肼分光光度法

一、实验目的

(1)学习二苯碳酰二肼分光光度法测定水中铬离子的测定方法。
(2)掌握含铬离子废水的采集及保存方法。

二、实验原理

在酸性溶液中,六价铬离子可与二苯碳酰二肼反应生成紫红色化合物,其最大吸收波长为540 nm,吸光度与浓度的关系符合朗伯－比耳定律。如果测定总铬,需先用高锰酸钾将水样中的三价铬氧化为六价铬,再用本法测定。

三、实验仪器

(1)分光光度计。
(2)具塞比色管:50 mL。

四、实验试剂

(1)丙酮(C_3H_6O)。
(2)硫酸溶液(1+1):将硫酸(H_2SO_4,$\rho = 1.84$ g/mL,优级纯)缓缓加入到同体积的水中,混匀。
(3)磷酸溶液(1+1):将磷酸(H_3PO_4,$\rho = 1.69$ g/mL)与水等体积混合。
(4)高锰酸钾溶液(40 g/L):称取高锰酸钾($KMnO_4$)4 g,在加热和搅拌下溶于水,最后稀释至100 mL。
(5)尿素溶液(200 g/L):称取尿素[$(NH_2)_2CO$]20 g,溶于水并稀释至100 mL。
(6)亚硝酸钠溶液(20 g/L):称取亚硝酸钠($NaNO_2$)2 g,溶于水并稀释至100 mL。
(7)氢氧化铵溶液(1+1):将氨水($NH_3 \cdot H_2O$,$\rho = 1.69$ g/mL)与等体积水混合。
(8)铬标准贮备液(0.100 0 g/L):称取于110 ℃下干燥2 h的重铬酸钾($K_2Cr_2O_7$,优级纯)(0.282 9 ± 0.000 1)g,用水溶解后,移入1 000 mL容量瓶中,用水稀释至标线,摇匀。此溶液每毫升含 0.10 mg 铬。

（9）铬标准溶液（1 mg/L）：吸取 5.00 mL 铬标准贮备液，置于 500 mL 容量瓶中，用水稀释至标线，摇匀。此溶液每毫升含有 1.00 μg 铬。使用当天配制。

（10）铬标准溶液（5.00 mg/L）：吸取 25.00 mL 铬标准贮备液，置于 500 mL 容量瓶中，用水稀释至标线，摇匀。此溶液每毫升含 5.00 μg 铬。使用当天配制。

（11）显色剂（二苯碳酰二肼，2 g/L 丙酮溶液）：称取二苯碳酰二肼（$C_{13}H_{14}N_4O$）0.2 g，溶于 50 mL 丙酮中，加水稀释至 100 mL，摇匀。贮于棕色瓶，置于冰箱中保存。若颜色变深，则不能使用。

五、实验步骤

（一）样品预处理

（1）对不含悬浮物、低色度的清洁地表水，可直接进行测定。

（2）如果水样有颜色但颜色不深，可进行色度校正，即另取一份试样，加入除显色剂外的各种试剂，以 2 mL 丙酮代替显色剂，以此溶液为测定试样溶液吸光度的参比溶液。

（3）对浑浊、色度较深的水样，应加入氢氧化锌共沉淀剂，并进行过滤处理。

（4）水样中存在次氯酸盐等氧化性物质时，会干扰测定，可加入尿素和亚硝酸钠消除干扰。

（5）水样中存在低价铁、亚硫酸盐、硫化物等还原性物质时，可将 Cr^{6+} 还原为 Cr^{3+}。此时，调节水样 pH 值至 8，加入显色剂溶液，放置 5 min 后再酸化显色，并以同法作标准曲线。

（二）标准曲线的绘制

取 9 支 50 mL 的比色管，依次加入 0、0.20 mL、0.50 mL、1.00 mL、2.00 mL、4.00 mL、6.00 mL、8.00 mL 和 10.00 mL 铬标准使用液，用水稀释至标线，加入硫酸溶液（1 + 1）0.5 mL 和磷酸溶液（1 + 1）0.5 mL，摇匀。加入 2 mL 显色剂溶液，摇匀。5 ~ 10 min 后，于 540 nm 波长处，用 1 cm 或 3 cm 的比色皿，以水为参比，测定吸光度并作空白校正。以吸光度为纵坐标，相应六价铬浓度为横坐标，绘出标准曲线。

（三）水样的测定

取 50 mL 或适量（铬含量少于 50 g）经预处理的试样置于 50 mL 比色管中，用水稀释至刻度线，然后按照校准试样的步骤进行测定。将测得的吸光度减去空白实验的吸光度，从标准曲线上可查得铬的含量。

（四）空白实验

按与试样完全相同的步骤进行空白实验，仅用 50 mL 水代替试样。

（五）实验结果

实验结果记录如下：

浓度（mg/L）									
吸光度 A									

(六) 绘图

以浓度为横坐标,吸光度为纵坐标绘图。

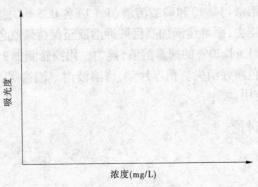

六、实验计算

$$C_{Cr^{6+}} = \frac{m}{V}$$

式中　$C_{Cr^{6+}}$——水中 Cr^{6+} 的含量,mg/L;

　　　m——从标准曲线上查得的 Cr^{6+} 的质量,g;

　　　V——水样的体积,mL。

七、实验提示

(1)所有玻璃器皿内壁须光洁,以免吸附铬离子。不得用重铬酸钾洗液洗涤,可用硝酸硫酸混合液或合成洗涤剂洗涤,洗涤后要冲洗干净。

(2)Cr^{6+} 与显色剂的显色反应一般控制酸度在 0.05～0.3 mol/L ($1/2H_2SO_4$),以 0.2 mol/L 时显色最好。显色前,水样应调至中性。显色温度和放置时间对显色有影响,在 15℃时,5～15 min 颜色即可稳定。

(3)若测定清洁地表水样,显色剂可按以下方法配制:溶解 0.2 g 二苯碳酰二肼于 100 mL 95% 的乙醇中。边搅拌边加入硫酸溶液(1+9) 400 mL。该溶液在冰箱中可存放 1 个月。用此显色剂,在显色时直接加入 2.5 mL 即可,不必再加酸。但加入显色剂后,要立即摇匀,以免 Cr^{6+} 被乙酸还原。

(4)总铬的测定。

①一般清洁地表水可直接用高锰酸钾氧化后测定。

②对含大量有机物的水样,需进行消解处理,即取 50 mL 或适量(含铬少于 50 μg)水样,置于 150 mL 烧杯中,加入 5 mL 硝酸和 3 mL 硫酸,加热蒸发至冒白烟。若溶液仍有颜色,再加入 5 mL 硝酸,重复上述操作,直至溶液清澈,冷却。用水稀释至 10 mL,用氢氧化铵溶液中和至 pH 值为 1～2,移入 50 mL 容量瓶中,用水稀释至标线,摇匀,供测定。

③如果水样中钼、钒、铁、铜等含量较大,可先用铜铁试剂(三氯甲烷)萃取除去,然后进行消解处理。

高锰酸钾氧化三价铬的操作步骤如下:

取 50.0 mL 或适量(铬含量少于 50 g)清洁水样或经预处理的水样(若水样少于 50.0 mL,需用水补充至 50.0 mL)于 150 mL 锥形瓶中,用氢氧化铵和硫酸溶液调至中性,加入几粒玻璃珠,加入硫酸溶液(1 + 1)和磷酸溶液(1 + 1)各 0.5 mL,摇匀。加入 4% 的高锰酸钾溶液 2 滴,若紫色褪去,则继续滴加高锰酸钾溶液至保持紫红色。加热煮沸至溶液剩约 20 mL,冷却后,加入 1 mL 20% 的尿素溶液,摇匀。用滴管滴加 2% 的亚硝酸钠溶液,每加 1 滴充分摇匀,至紫色刚好消失。稍停片刻,待溶液内气泡逸尽,转移至 50 mL 比色管中,稀释至标线,供测定用。

八、实验结果与讨论

法二　硫酸亚铁铵滴定法

一、实验目的

学习硫酸亚铁铵滴定法测定污水中铬离子的方法。

二、实验原理

在酸性溶液中,以银盐为催化剂,用过硫酸铵可将三价铬氧化成六价铬。加入少量氯化钠并煮沸,除去过量的过硫酸铵及反应中产生的氧气。以苯基代邻氨基苯甲酸(Phenylene Thranilic Acid)做指示剂,用硫酸亚铁铵溶液进行滴定,使六价铬还原成三价铬,溶液呈绿色即为终点。根据硫酸亚铁铵溶液的用量,计算出水样中总铬的含量。本方法适用于水和废水中高浓度(> 1 mg/L)总铬的测定。

三、实验试剂

(1)硫酸溶液(1 + 19):取 100 mL 硫酸缓慢加入 2 L 水中,混匀。

(2)硫酸、磷酸混合液:取 150 mL 硫酸缓慢加入 700 mL 水中,冷却后,加入 150 mL 磷酸,摇匀。

(3)过硫酸铵溶液(25%,质量浓度):称取 25 g 过硫酸铵溶于水中,稀释至 100 mL。临用时配制。

(4)重铬酸钾标准溶液:称取 120 ℃下干燥 2 h 的重铬酸钾($K_2Cr_2O_7$,优级纯)0.490 3 g,用水溶解后,移入 1 000 mL 容量瓶中,加水稀释至标线,摇匀。此溶液的浓度 $c_{1/6 K_2Cr_2O_7} = 0.010\ 00$ mol/L。

(5)硫酸亚铁铵标准滴定溶液:称取硫酸亚铁铵[$(NH_4)_2Fe(SO_4) \cdot 6H_2O$] 3.95 g,用硫酸溶液(1 + 19) 500 mL 溶解,过滤至 2 000 mL 的容量瓶中,用硫酸溶液(1 + 19)稀释至标线。临用时用重铬酸钾溶液标定。

标定方法:吸取 25 mL 重铬酸钾标准溶液,置于 500 mL 锥形瓶中,用水稀释至

200 mL左右。加入20 mL硫酸、磷酸混合液,用硫酸亚铁铵标准滴定溶液滴定至淡黄色。加入3滴苯基代邻氨基苯甲酸指示液,继续滴定至溶液由红色突变为亮绿色即为终点。记录硫酸亚铁铵标准滴定溶液的用量(V_0),计算如下:

$$C_{(NH_4)_2Fe(SO_4)\cdot 6H_2O} = 0.010\ 00 \times \frac{25}{V_0}$$

式中　$C_{(NH_4)_2Fe(SO_4)\cdot 6H_2O}$——硫酸亚铁铵标准滴定溶液的浓度,mol/L。

(6)硫酸锰溶液(1%,质量浓度):取1 g硫酸锰($MnSO_4\cdot 2H_2O$)溶于水,稀释至100 g。

(7)硝酸银溶液(0.5%,质量浓度)。

(8)碳酸钠溶液(5%,质量浓度)。

(9)氢氧化铵溶液(1+1)。

(10)氯化钠溶液(1%,质量浓度)。

(11)苯基代邻氨基苯甲酸指示液:称取苯基代邻氨基苯甲酸0.27 g,溶于5%(质量浓度)的碳酸钠溶液5 mL中用水稀释至250 mL。

四、实验步骤

吸取适量水样于150 mL烧杯中,经消解后转移至500 mL锥形瓶中。若水样清澈、无色,可直接取适量水样于500 mL锥形瓶中。用氢氧化铵溶液中和至溶液的pH值为1~2。加入20 mL硫酸、磷酸混合液,1~3滴硝酸银溶液,0.5 mL硫酸锰溶液,25 mL过硫酸铵溶液,摇匀。加入几粒玻璃珠,加热至出现高锰酸盐的紫红色,煮沸10 min。

取下稍冷,加入5 mL氯化钠溶液,加热微沸10~15 min,除尽氯气。取下迅速冷却,用水洗涤瓶壁并稀释至250 mL左右。加入3滴苯基代邻氨基苯甲酸指示液,用硫酸亚铁铵标准滴定溶液滴定至溶液由红色突变为亮绿色即为终点,记下用量(V_1)。同时,取同体积的纯水代替水样进行测定,记下用量(V_2)。

五、实验计算

$$C_{Cr} = \frac{V_1 - V_2}{V_3} \times C \times 17.332 \times 1\ 000$$

式中　C_{Cr}——水样中总铬的含量,mg/L;

V_1——滴定水样时硫酸亚铁铵标准滴定溶液的用量,mL;

V_2——滴定空白样时硫酸亚铁铵标准滴定溶液的用量,mL;

V_3——水样的体积,mL;

C——硫酸亚铁铵标准滴定溶液的浓度,mol/L;

17.332——1/3 Cr的摩尔质量,g/mol。

实验二十　离子色谱法测定水中常见阴离子含量

一、实验目的

(1)学习离子色谱分析的基本原理及其操作方法。

(2)掌握离子色谱法的定性和定量分析方法。

二、实验原理

离子色谱法是在经典的离子交换色谱法基础上发展起来的,这种色谱法以阴离子或阳离子交换树脂为固定相,电解质溶液为流动相(洗脱液)。在分离阴离子时,常用 $NaHCO_3$ 和 Na_2CO_3 混合液或 Na_2CO_3 溶液做洗脱液;在分离阳离子时,常用稀盐酸或稀硝酸溶液做洗脱液。由于待测离子对离子变换树脂亲和力不同,致使它们在分离柱内具有不同的保留时间而得到分离。此法常使用电导检测器进行检测。为消除洗脱液中强电解质电导对检测的干扰,在分离柱和检测器之间串联一根抑制柱,从而变为双柱型离子色谱法。离子色谱仪由高压恒流泵、高压六通进样阀、分离柱、抑制柱、再生泵及电导检测器和记录仪等组成。充样时试液被截留在定量管内,当高压六通进样阀转向进样时,洗脱液由高压恒流泵输入经定量管,试液被带入分离柱。在分离柱中发生如下交换过程:

$$R-HCO_3 + MX \underset{\text{洗脱}}{\overset{\text{交换}}{\rightleftharpoons}} RX + MHCO_3$$

式中,R 代表离子交换树脂。

由于洗脱液不断流过分离柱,使交换在阴离子交换树脂上的各种阴离子 X^{n-} 又被洗脱,发生洗脱过程。各种阴离子在不断进行交换及洗脱过程中,由于亲和力不同,交换和洗脱过程有所不同,亲和力小的离子先流出分离柱,而亲和力大的离子后流出分离柱,因而各种不同离子得到分离。

在使用电导检测器时,当待测阴离子从柱中被洗脱而进入电导池时,要求电导检测器能随时检测出洗脱液中电导的改变,但因洗脱液中 HCO_3^-、CO_3^{2-} 的浓度要比试样阴离子的浓度大得多,与洗脱液本身的电导值相比,试液离子电导贡献显得微不足道,因而电导检测器已难以检测出由于试液离子浓度变化所导致的电导变化。若使分离柱流出的洗脱液通过填充有高容量的 H^+ 型阳离子交换树脂柱(即抑制柱),则在抑制柱上将发生如下交换反应:

$$R-H^+ + Na^+ + HCO_3^- \rightarrow R-Na^+ + H_2CO_3$$

$$R-H^+ + Na^+ + CO_3^{2-} \rightarrow R-Na^+ + HCO_3^-$$

$$R-H^+ + M^+ + X^- \rightarrow R-M^+ + HX$$

可见,从抑制柱流出的洗脱液中的 Na_2CO_3、$NaHCO_3$ 已被转变成电导值很小的 H_2CO_3,消除了本底电导的影响,而且试样阴离子 X^- 也转变成相应酸的阴离子。由于 H^+ 的离子淌度7倍于金属离子 M^+,因而使试样中离子电导测定得以实现。

除上述填充阳离子交换树脂抑制柱外,还有纤维状带电膜抑制柱、中空纤维管抑制柱、电渗析离子交换膜抑制剂、薄膜型抑制器等多种。它们的抑制机制虽有不同,但共同点都是消除洗脱液本底电导的干扰,其中电渗析离子交换膜抑制器除去了双柱型离子色谱仪中的抑制柱、再生泵、高压六通进样阀及其输液路系统,成了不需再生操作即能达到抑制本底电导的新型离子色谱仪,大大简化了仪器流程。

由于离子色谱法具有高效、高速、高灵敏和选择性好等特点,因此广泛应用于环境监测、化工、生化、食品、能源等各领域中的无机阴、阳离子和有机化合物的分析中。此外,离子色谱法还能应用于分析离子价态、化合形态和金属络合物等。

三、仪器与试剂

(1)离子色谱仪。

(2)超声波发生器。

(3)100 μL 微量进样器。

(4) NaF、KCl、NaBr、K_2SO_4、$NaNO_2$、NaH_2PO_4、$NaNO_3$、Na_2CO_3、$NaHCO_3$、H_3BO_3、浓 H_2SO_4 等均为优级纯。

(5)纯水。经 0.4 μm 微孔滤膜过滤去离子水,其电导率小于 5 μS/cm。

(6)7 种阴离子标准贮备液的制备。分别称取适量的 NaF、KCl、NaBr、K_2SO_4(于 105 ℃下烘干 2 h,保存在干燥器内)、$NaNO_2$、NaH_2PO_4、$NaNO_3$(于干燥器内干燥 24 h 以上)溶于水中,转移到各 1 000 mL 容量瓶中,然后各加入 10.00 mL 洗脱贮备液,并用水稀释至刻度,摇匀备用。7 种标准贮备液中各阴离子的浓度均为 1.00 mg/mL。

7 种阴离子的标准混合使用液的配制分别吸取上述 7 种标准贮备液体积如下表所示:

标准贮备液	NaF	KCl	NaBr	$NaNO_3$	$NaNO_2$	K_2SO_4	NaH_2PO_4
使用量(mL)	0.75	1.00	2.50	5.00	2.50	12.50	12.50

在同一个 500 mL 容量瓶中,加入 5.00 mL 洗脱贮备液,然后用水稀释至刻度,摇匀,该标准混合使用液中各阴离子的浓度如下表所示:

阴离子	F^-	Cl^-	Br^-	NO_3^-	NO_2^-	SO_4^{2-}	PO_4^{3-}
C(μg/mL)	1.50	2.00	5.00	10.00	5.00	25.0	25.0

(7)洗脱贮备液($NaHCO_3$—Na_2CO_3)的配制。分别称取 26.04 g $NaHCO_3$ 和 25.44 g Na_2CO_3(于 105 ℃下烘干 2 h,并保存在干燥器内),溶于水中,并转移到一只 1 000 mL 容量瓶中,用水稀释至刻度,摇匀。该洗脱贮备液中 $NaHCO_3$ 的浓度为 0.31 mol/L,Na_2CO_3 的浓度为 0.24 mol/L。

(8)洗脱使用液(即洗脱液)的配制。吸取上述洗脱贮备液 10.00 mL 于 1 000 mL 容量瓶中用水稀释至刻度摇匀,用 0.45 μm 微孔滤膜过滤,即得 0.003 1 mol/L $NaHCO_3$ - 0.002 4 mol/L Na_2CO_3 溶液,备用。

(9)抑制液(0.1 mol/L H_2SO_4 和 0.1 mol/L H_3BO_3 混合液)的配制。称取 6.2 g

H_3BO_3 于 1 000 mL 烧杯中,加入约 800 mL 纯水溶解,缓慢加入 5.6 mL 浓 H_2SO_4,并转移到 1 000 mL 容量瓶中,用纯水稀释至刻度,摇匀。

（10）实验条件（可根据仪器设备选择）。

①分离柱:ϕ 4 mm × 300 mm 内填粒子为 10 μm 的阴离子交换树脂。

②抑制剂:电渗析离子交换膜抑制器,抑制电流 48 mA。

③洗脱液:$NaHCO_3$—Na_2CO_3 经超声波脱气,流量为 2.0 mL/min。

④柱保护液:（3%）15 g H_3BO_3 溶解于 500 mL 纯水中。

⑤电导池:5 极。

⑥主机量程:5 μS。

⑦记录仪:量程 1 mV,低速 120 mm/h。

⑧进样量:100 μL。

四、实验步骤

（1）吸取上述 7 种阴离子标准贮备液各 0.50 mL,分别置于 7 个 50 mL 容量瓶中,各加入洗脱贮备液 0.05 mL,加水稀释至刻度,摇匀,即得各阴离子标准使用液。

（2）根据实验条件,按照仪器操作步骤将仪器调节至可进样状态,待仪器上液路和电路系统达到平衡后记录仪基线呈一直线,即可进样。

（3）分别吸取 100 μL 混合阴离子标准使用液进样,记录色谱图。各重复进样两次。

（4）工作曲线的绘制。分别吸取阴离子标准混合使用液 1.00 mL、2.00 mL、4.00 mL、6.00 mL、8.00 mL 于 5 只 10 mL 容量瓶中,各加入 0.1 mL 洗脱贮备液,然后用水稀释到刻度,摇匀,分别吸取 100 μL 进样,记录色谱图,重复进样两次。

（5）取未知水样 99.00 mL,加 1.00 mL 洗脱贮备液,摇匀,经 0.45 μm 微孔滤膜过滤后,取 100 μL 按同样试验条件进样,记录色谱图,重复进样两次。

五、数据处理

（1）测量各阴离子使用液色谱峰的保留时间 t_R。

（2）测量标准混合使用液色谱图中各色谱峰的保留时间 $t_R(s)$（与步骤（1）中 t_R 比较,确定各色谱峰属何种组分）与峰面积 A 及面积平均值（色谱数据处理机会自动输出这些数据,如仅有记录仪,则需要手工测量 t_R、半峰宽 $Y_{1/2}$ 与峰高 h,并计算 A 等）。

实验记录如下:

	次数	F^-	Cl^-	NO_2^-	PO_4^{3-}	Br^-	NO_3^-	SO_4^{2-}
$t_R(s)$	1							
	2							
	3							
	平均值							

（3）由测得的各组分 A 作峰面积与浓度（$A \sim C$）的工作曲线。

(4)确定未知水样色谱图中各色谱峰所代表的组分,并计算峰面积 A,在相应的工作曲线上找出各组分的含量,或者将各组分色谱峰数据输入微机,分别求出各组分含量。若配有色谱数据处理机,也可打印出水样中各离子浓度。

六、实验提示

(1)因离子色谱柱相对较为昂贵,所以应注意保护色谱柱,如每次使用完后,应将色谱柱用去离子水(或洗脱液)冲洗干净。

(2)待测水样不应是严重污染的水样,否则应经过前处理,以免污染色谱柱。

(3)洗脱液需经超声波脱气。

七、思考题

(1)电导检测器为什么可作为离子色谱分析的检测器?

(2)为什么在每一试液中都要加入1%的洗脱液成分?

(3)为什么离子色谱分离柱不需要再生,而抑制柱则需要再生?

八、实验结果与讨论

实验二十一　　原子吸收分光光度法测定土壤中铜、锌的含量

一、实验目的

(1)了解原子吸收分光光度法的原理。

(2)掌握土壤样品的消化方法,掌握原子吸收分光光度计的使用方法。

二、实验原理

火焰原子吸收分光光度法是根据某元素的基态原子对该元素的特征谱线产生选择性吸收来进行测定的分析方法。将试样喷入火焰,被测元素的化合物在火焰中离解形成原子蒸气,由锐线光源(空心阴极灯)发射的某元素的特征谱线光辐射通过原子蒸气层时,该元素的基态原子对特征谱线产生选择性吸收。在一定条件下特征谱线光强的变化与试样中被测元素的浓度成比例。通过对自由基态原子对选用吸收线吸光度的测量,确定试样中该元素的浓度。

湿法消化是使用具有强氧化性酸,如 HNO_3、HF、HCl、$HClO_4$ 等与有机化合物溶液共沸,把有机化合物分解除去。干法灰化是在高温下灰化、灼烧,使有机物质被空气中的氧所氧化而破坏。

本实验采用湿法消化土壤中的有机物质。

三、仪器与试剂

(1)原子吸收分光光度计、铜和锌空心阴极灯。

(2)锌标准液。准确称取 0.100 0 g 金属锌(99.9%),用 20 mL 1:1的盐酸溶解,移入 1 000 mL 容量瓶中,用去离子水稀释至刻度,此液含锌量为 100 mg/L。

(3)铜标准液。准确称取 0.100 0 g 金属铜(99.8%)溶于 15 mL 1:1的硝酸中,移入 1 000 mL 容量瓶中,用去离子水稀释至刻度,此液含铜量为 100 mg/L。

四、实验步骤

(一)标准曲线的绘制

取 6 个 25 mL 容量瓶,分别加入 5 滴 1:1的盐酸,依次加入 0、1.00 mL、2.00 mL、3.00 mL、4.00 mL、5.00 mL 浓度为 100 mg/L 的铜标准液和 0、0.10 mL、0.20 mL、0.40 mL、0.60 mL、0.80 mL 浓度为 100 mg/L 的锌标准液,用去离子水稀释至刻度,摇匀,配成 0、0.40 mg/L、0.80 mg/L、1.20 mg/L、1.60 mg/L、2.00 mg/L 的铜标准系列和 0、0.40 mg/L、0.80 mg/L、1.20 mg/L、1.60 mg/L、2.40 mg/L、3.20 mg/L 的锌标准系列,然后分别在 324.7 nm 和 213.9 nm 处测定吸光度,绘制标准曲线。

(二)样品的测定

(1)土壤样品的消化。准确称取 1.000 g 土样于 100 mL 烧杯中(2 份),用少量去离子水润湿,缓慢加入 5 mL 王水(浓硝酸:浓盐酸 =1:3),盖上表面皿。同时,做 1 份试剂空白,把烧杯放在通风橱内的电炉上加热,开始低温,慢慢提高温度,并保持微沸状态,使其充分分解,注

意消化温度不宜过高,防止样品外溅,当激烈反应完毕,大部分有机物分解后,取下烧杯冷却,沿烧杯壁加入2~4 mL高氯酸,继续加热分解直至冒白烟,样品变为灰白色,揭去表面皿,赶出过量的高氯酸,把样品蒸至近干,取下冷却,加入5 mL 1%的稀硝酸溶液加热,冷却后用中速定量滤纸过滤到25 mL容量瓶中,滤渣用1%的稀硝酸溶液洗涤,最后定容,摇匀待测。

(2)测定。将消化液在与标准系列相同的条件下,直接喷入空气-乙炔火焰中,测定吸收值。

(3)实验记录与数据如下:

测试次数	1	2	含量(mg/kg)
Cu			
Zn			

五、数据处理

所测得的吸收值(如试剂空白有吸收,则应扣除空白吸收值)在标准曲线上得到相应的浓度M(mg/mL),则试样中:

$$铜或锌的含量(mg/kg) = \frac{M \times V}{m} \times 1\ 000$$

式中　M——标准曲线上得到的相应浓度,mg/mL;

　　　V——定容体积,mL;

　　　m——试样质量,g。

六、实验提示

(1)细心控制温度,升温过快,反应物易溢出或炭化。

(2)土壤消化物若不呈灰白色,应补加少量高氯酸,继续消化。由于高氯酸对空白影响大,要控制用量。

(3)高氯酸具有氧化性,应待土壤里大部分有机质消化完反应物,冷却后再加入,或者在常温下,有大量硝酸存在的情况下加入,否则会使杯中样品溅出或爆炸,使用时务必小心。

(4)若高氯酸氧化作用进行过快,有爆炸可能,则应迅速冷却或用冷水稀释,即可停止高氯酸的氧化作用。

原子吸收测量条件如下:

元素	Cu	Zn
λ(nm)	324.7	213.9
I(mA)	2	4
光谱通带(nm)	2.5	2.1
增益	2	4
燃气	C_2H_2	C_2H_2
助气	空气	空气
火焰	氧化	氧化

七、思考题

试分析原子吸收分光光度法测定土壤金属元素的误差来源可能有哪些？

八、实验结果与讨论

实验二十二 土壤有机质的测定

土壤有机质含量是衡量土壤肥力的重要指标之一,它能促使土壤形成结构,改善土壤物理、化学及生物学过程的条件,提高土壤的吸收性能和缓冲性能,同时它本身又含有植物所需要的各种养分,如碳、氮、磷、硫等。因此,要了解土壤的肥力状况,必须进行土壤有机质含量的测定。

本实验所指的有机质是土壤有机质的总量,包括半分解的动植物残体、微生物生命活动的各种产物及腐殖质。另外,还包括少量能通过 0.25 mm 筛孔的未分解的动植物残体。如果要测定土壤腐殖质含量,则样品中的植物根系及其他有机残体应尽可能地去除。

一、实验目的

掌握土壤有机质测定方法的原理、步骤和计算方法。

二、实验原理

在加热条件下,用一定量的氧化剂(重铬酸钾 – 硫酸溶液)氧化土壤中的有机碳,剩余的氧化剂用还原剂(硫酸亚铁铵或硫酸亚铁)滴定,从所消耗的氧化剂数量计算出有机碳的含量。

氧化及滴定时的化学反应如下:

$$2K_2Cr_2O_7 + 3C + 8H_2SO_4 \longrightarrow 2K_2SO_4 + 2Cr_2(SO_4)_3 + 3CO_2 + 8H_2O$$
$$K_2Cr_2O_7 + 6FeSO_4 + 7H_2SO_4 \longrightarrow K_2SO_4 + Cr_2(SO_4)_3 + 3Fe_2(SO_4)_3 + 7H_2O$$

三、实验仪器

(1)分析天平:感量 0.000 1 g。

(2)甘油浴。

(3)磨口三角瓶:150 mL。

(4)短颈漏斗。

(5)定时钟。

(6)碱式滴定管:50.00 mL。

(7)小型日光滴定台。

(8)温度计:200 ~ 300 ℃。

四、实验试剂

(1)0.4 mol/L(1/6 $K_2Cr_2O_7$)溶液:称取化学纯重铬酸钾 20.00 g,溶于 500 mL 蒸馏水中(必要时可加热溶解),冷却后,缓缓加入化学纯硫酸 500 mL 于重铬酸钾溶液中,并不断搅动,冷却后定容至 1 000 mL,贮于棕色试剂瓶中备用。

(2)0.2 mol/L 硫酸亚铁铵或硫酸亚铁溶液:称取化学纯硫酸亚铁铵[(NH$_4$)$_2$SO$_4$ · FeSO$_4$ · 6H$_2$O] 80 g 或硫酸亚铁(FeSO$_4$ · 7H$_2$O) 56 g,溶于 500 mL 蒸馏水中,加 6 mol/L

(1/2 H$_2$SO$_4$)30 mL 搅拌至溶解,然后加蒸馏水稀释至 1 L,贮于棕色瓶中,此溶液的准确浓度用 0.100 0 mol/L(1/6 K$_2$Cr$_2$O$_7$)的标准溶液标定。

(3)0.100 0 mol/L(1/6 K$_2$Cr$_2$O$_7$)标准溶液:准确称取分析纯重铬酸钾(在 130 ℃下烘 3 h)4.903 3 g,以少量蒸馏水溶解,然后慢慢加入浓硫酸 70 mL,冷却后洗入 1 000 mL 容量瓶,定容至刻度,摇匀备用,其中含硫酸的浓度约 2.5 mol/L(1/2 H$_2$SO$_4$)。

0.2 mol/L 硫酸亚铁铵或硫酸亚铁溶液的标定:

准确吸取 20 mL 0.100 0 mol/L(1/6 K$_2$Cr$_2$O$_7$)溶液三份于干燥的 150 mL 三角瓶中,加 4 滴邻菲罗啉指示剂,用 0.2 mol/L 硫酸亚铁铵或硫酸亚铁溶液滴定,三角瓶中溶液的颜色由橙黄色经蓝绿色突变到砖红色为终点。根据所消耗的硫酸亚铁铵或硫酸亚铁溶液的毫升数和重铬酸钾的毫升数和浓度,就可算出该溶液的准确浓度。

(4)邻菲罗啉指示剂:称取邻菲罗啉(GB 1293—77,分析纯)1.485 g 与 FeSO$_4$·7H$_2$O 0.695 g,溶于 100 mL 水中。

(5)硫酸银:研成粉末。

(6)二氧化硅:粉末状。

五、采样和样品

选取有代表性的风干土壤样品,用镊子挑除植物根叶等有机残体,然后用木棍把土块压细,使之通过 1 mm 筛,充分混匀后,从中取出试样 10～20 g,磨细,并全部通过 0.25 mm 筛,装入磨口瓶中备用。

六、实验步骤

(1)准确称取通过 0.25 mm 筛孔的土样 0.100 0～0.500 0 g,土样数量视有机质含量而定。有机质含量大于 5% 的称土样 0.2 g 以下,4%～5% 的称 0.2～0.3 g,3%～4% 的称 0.3～0.4 g,2%～3% 的称 0.4～0.5 g,小于 2% 的则称 0.5 g 以上。由于土样数量少,为了减少称样误差,最好用减重法。将称好的土样放入干燥的硬质试管中,用滴定管或移液管准确加入 0.4 mol/L(1/6 K$_2$Cr$_2$O$_7$)溶液 10 mL(先加入 3 mL,摇动试管,使溶液与土混匀,然后加其余的 7 mL),在试管口套一小漏斗,以冷凝蒸出的水汽,把试管放入铁丝笼中。

(2)将装有 8～10 个试管的铁丝笼,放入温度为 185～190 ℃的油浴锅中(也可用石蜡油、磷酸代替菜油或用多孔铝锭代替油浴),要求放入油浴锅温度下降至 170～180 ℃,以后必须控制温度在 170～180 ℃,当试管内液体开始沸腾(溶液表面开始翻动,有较大的气泡发生)时计时,缓缓煮沸 5 min,取出铁丝笼,稍冷,用纸擦净试管外部的油液。

(3)等试管冷却后,将试管内溶液倒入 150 mL 三角瓶中,用蒸馏水少量多次地洗净试管内部及小漏斗的内外,洗涤液均冲洗至三角瓶中,最后总的体积 60～70 mL。滴加 4 滴邻菲罗啉指示剂,用 0.2 mol/L 硫酸亚铁铵或硫酸亚铁溶液滴定,三角瓶中溶液的颜色由橙黄色经蓝绿色突变到砖红色为终点。

(4)每笼必须同时用 2～3 个试管做空白实验,用灼烧过的土壤或二氧化硅代替土样,其他步骤与试样测定相同,取其平均值。

七、实验计算

$$土壤有机碳(g/kg) = \frac{C(V_0 - V) \times 10^{-3} \times 3.0 \times 1.1}{烘干土重} \times 1\,000$$

$$土壤有机质(g/kg) = 土壤有机碳(g/kg) \times 1.724$$

式中 V_0——空白滴定用去硫酸亚铁铵的体积,mL;

V——样品滴定用去硫酸亚铁铵的体积,mL;

C——硫酸亚铁铵标准溶液的浓度,mol/L;

3.0——1/4 碳原子的摩尔质量,g/mol;

10^{-3}——将 mL 换算为 L;

1.1——因有机碳只能被氧化 90% 而需乘的校正系数;

1.724——按有机质平均含碳 58%,由碳含量换算成有机质含量的系数。

平行测定的结果用算术平均值表示,保留三位有效数字。

八、实验提示

(1)在消煮后,溶液应为黄棕色或黄中稍带绿色,如果颜色已经变绿,则表明样品用量过多,重铬酸钾用量不足,有机碳的氧化不完全,需重做。

(2)对于水稻土及一些长期渍水的土壤,由于土壤中含有亚铁,会使测定结果偏高,因为在这种情况下,重铬酸钾不仅氧化了有机碳,而且也氧化了土壤中的亚铁,须将土磨碎后摊平风干 10 d,使亚铁充分氧化为高铁后再测定。

(3)在含氯化物的盐渍土中,测定结果也较高,因氯离子被氧化成氯分子。可加入硫酸银 0.1 g,使氯离子沉淀为氯化银,避免氯离子的干扰作用。

九、实验结果与讨论

实验二十三　城市功能区域环境噪声监测

——校园环境噪声监测

一、实验目的

(1)掌握区域环境噪声的监测方法。

(2)熟悉声级计的使用。

(3)练习对非稳态的无规则噪声监测数据的处理方法。

(4)学会画噪声污染图。

二、实验原理

环境噪声的来源有四种:一是交通噪声,包括汽车、火车和飞机等所产生的噪声;二是工厂噪声,如鼓风机、汽轮机、织布机和冲床等所产生的噪声;三是建筑施工噪声,如打桩机、挖土机和混凝土搅拌机等发出的声音;四是社会生活噪声,如高音喇叭、收音机等发出的过强声音。

人们日常生活中遇到的声音,若以声压值表示,由于变化范围非常大,可以达 6 个数量级以上,同时由于人的听觉对声信号强弱刺激反应不是统一计划性的,而是成对数比例关系,所以常采用分贝表达声学量值。

三、测量条件

(1)天气条件要求在无雨无雪时进行操作,声级计应保持传声器膜片清洁。风力在三级以上必须加风罩,以免风噪声干扰。五级以上大风应停止测量。

(2)声级计应固定在三脚架上,距离地面 1.2 m,同时将传声器指向被测声源。声级计应尽量远离人身,以减少人身对测量的影响。

四、实验步骤

(1)将学校(或某一地区)划分为 25 × 25 的网络,测量点选在每个网络的中心,若中心点处不宜测量,可移至旁边能测量的位置。

(2)以 3 ~ 4 人为一组,配置一台声级计,按顺序到各网点测量,每一个网络至少测量 3 次,时间间隔尽可能相同。

(3)读数方式用慢挡,每隔 5 s 读取 1 个瞬时 A 声级,连续读取 200 个数据。读数的同时要判断和记录附近主要噪声源(如交通噪声、施工噪声、生活噪声、锅炉噪声等)与天气条件。

五、实验计算

环境噪声是随时间起伏的无规则噪声,因此测量的结果一般要用统计值或等效声级来表示,本实验用等效声级表示。

将所测得的 200 个数据从大到小排列,找到第 10% 个数据即为 L_{10},第 50% 个数据即为 L_{50},第 90% 个数据即为 L_{90},并按下式求出等效声级 L_{eq},以及标准偏差 σ:

$$L_{eq} = L_{50} + \frac{d^2}{60}$$

其中

$$d = L_{10} - L_{90}$$
$$\sigma \approx (L_{16} - L_{84})/2$$

式中　L_{10}——10% 的时间超过的噪声级,相当于噪声的平均峰值;

L_{50}——50% 的时间超过的噪声级,相当于噪声的平均值;

L_{90}——90% 的时间超过的噪声级,相当于噪声的本底值。

将监测点各次的 L_{10}、L_{50}、L_{90}、L_{eq} 值列于下表并求其平均值,以 L_{eq} 的算术平均值作为该网点的环境噪声评价量。

监测数据

时间	时分	时分	时分	平均值
$L_{10}[\text{dB(A)}]$				
$L_{50}[\text{dB(A)}]$				
$L_{90}[\text{dB(A)}]$				
$L_{eq}[\text{dB(A)}]$				
$\sigma[\text{dB(A)}]$				

区域环境噪声污染可用等效声级 L_{eq} 绘制区域噪声污染图进行评价。以 5 dB 为一个等级,在地图上用不同的颜色的阴影表示各区域噪声的大小见下表。

各噪声带颜色和阴影表示规定

噪声带	颜色	阴影线
35 以下	浅绿色	小点,低密度
36 ~ 40	绿色	中点,中密度
41 ~ 45	深绿色	大点,高密度
46 ~ 50	黄色	垂直线,低密度
51 ~ 55	褐色	垂直线,中密度
56 ~ 60	橙色	垂直线,高密度
61 ~ 65	朱红色	交叉线,低密度
66 ~ 70	洋红色	交叉线,中密度
71 ~ 75	紫红色	交叉线,高密度
76 ~ 80	蓝色	宽条垂直线
81 ~ 85	深蓝色	金黑

六、实验提示

声级计属于精密仪器,使用时要格外小心,防止碰撞、跌落,还要防止潮湿和淋雨。

七、实验结果与讨论

实验二十四　交通噪声的监测

交通噪声主要指机动车辆在市内交通干线上运行时所产生的噪声。其他交通运输工具,飞机、火车、汽车等在飞行和行驶中所产生的噪声中常见的交通噪声有机场噪声、铁道交通噪声、船舶噪声等。

交通噪声对人的健康影响很大,我们应该尽量减少交通噪声,随着城市机动车辆数目的增长,交通干线迅速发展,交通噪声日益成为城市的主要噪声。

噪声监测的结果用于分析噪声污染的现状及变化趋势,也为噪声污染的规划管理和综合整治提供基础数据。

一、实验目的

(1)掌握声级计的使用方法,学会用普通声级计测量交通噪声。

(2)熟练计算等效声级,统计声级、标准偏差。

二、实验原理

运用声级计测量选定测点的 A 声级,并对测得的瞬时值进行计算,计算出 L_{eq}、L_{10}、L_{50}、L_{90}、σ,绘制噪声分布直框图。

三、监测条件

(1)天气条件要求在无雨无雪时进行操作,声级计应保持传声器膜片清洁。风力在三级以上必须加风罩,以免风噪声干扰。五级以上大风应停止测量。

(2)声级计应固定在三脚架上,距离地面 1.2 m,传声器应水平放置,同时将传声器指向被测声源。声级计应尽量远离人身,传声器应离人 0.5 m 以上,以减少人身对测量的影响。

四、实验步骤

(1)选择测点:道路交通噪声通常是在离开交叉路口的市区交通干线的人行道上,离马路沿 20 cm 处进行定点交通噪声测量,此处距两交叉路口应大于 50 m。交通干线是指机动车辆每小时流量不少于 100 辆的马路。这样,该测点的噪声可以代表两路口间该段马路的噪声。

(2)现场测定:用声级计连续测量 15 min,或用声级计慢挡每 5 s 读取一个 A 声级瞬时值,连续读取 200 个数据,同时记录车流量(辆/h)。

(3)记录测量点处各种车辆(载重车、大客车、小汽车、拖拉机及其他车辆)的流量。

五、实验计算

同实验二十三的计算方法,计算 L_{eq}、L_{10}、L_{50}、L_{90}、σ,绘制噪声分布直框图。

六、实验提示

声级计属于精密仪器,使用时要格外小心,防止碰撞、跌落,还要防止潮湿和淋雨。

七、实验结果与讨论

实验二十五　大气中总悬浮颗粒物的测定

——中流量采样、滤膜捕集重量法

一、实验目的

(1)掌握大气中总悬浮颗粒物的测定原理、方法和操作过程。

(2)掌握干燥平衡、天平称量、采样等操作技术。

(3)熟悉颗粒物采样器、分析天平、恒温恒湿箱等的使用。

二、实验原理

中流量采样法的流量为 $0.05 \sim 0.15 \ m^3/min$。其原理是:抽取一定体积的空气,使之通过已恒重的滤膜,则悬浮微粒被阻留在滤膜上,根据采样前、后滤膜质量之差及采气体积(标准状况),即可计算总悬浮颗粒物(TSP)的质量浓度。

三、实验仪器

(1)中流量采样器:流量为 $0.05 \sim 0.15 \ m^3/min$,经流量校准装置校准。

(2)恒温恒湿箱:箱内空气温度要求在 $15 \sim 30 \ ℃$内连续可调,控温精度为 $\pm 1 \ ℃$。

(3)分析天平:感量 $0.1 \ mg$。

(4)玻璃纤维滤膜:直径 $8 \sim 10 \ cm$,实验前经过镜检,检查滤膜有无缺损。

(5)干燥器、气压计、温度计、镊子、滤膜袋等。

四、实验步骤

(一)采样器的流量校准

采样器在实验前,需用孔口流量器进行流量校准。

(二)采样

(1)每张滤膜使用前均需用光照检查,不得使用有针孔或有任何缺陷的滤膜进行采样。

(2)取出在恒温恒湿箱内已平衡24 h的滤膜,迅速称重,读数准确至 $0.1 \ mg$,记下滤膜的编号和质量,将其平展地放在光滑洁净的纸袋内,然后贮存于盒内备用。天平放置在平衡室内,平衡室温度在 $20 \sim 25 \ ℃$,温度变化不超过 $\pm 3 \ ℃$,相对湿度小于50%,湿度变化小于5%。

(3)将已恒重的滤膜用小镊子取出,“毛”面向上,平放在采样夹的网托上,拧紧采样夹,按照规定的流量采样。通常情况下,采样流量为 $0.10 \ m^3/min$。

(4)采样时,对于老式仪器,要随时手动校准流量,同时记录温度、气压和采样时间,对于大气,一般不需要测定湿度。对于现行仪器,可将温度、气压等参数输入,仪器可直接记录空气标准状况下的体积。

(5)采样后,用镊子小心取下滤膜,使采样"毛"面朝内,以采样有效面积的长边为中线对叠好,放回表面光滑的滤袋并贮于盒内。将有关参数及现场温度、大气压力等记录在下表中。

总悬浮颗粒物采样记录

月.日	滤膜编号	采样起始时间	采样结束时间	采样温度(K)	采样气压(kPa)	流量(m³/min)	实验人员	备注

(三)样品测定

将采样后的滤膜在平衡室内平衡 24 h,迅速称重,结果及有关参数填写于下表中。

总悬浮颗粒物浓度测定记录

月.日	滤膜编号	采样体积(标况)(m³)	采样前滤膜质量(g)	采样后滤膜质量(g)	样品质量(g)	TSP(mg/m³)	备注

五、实验计算

$$TSP = \frac{(m_2 - m_1) \times 10^3}{V_n}$$

式中　TSP——总悬浮颗粒物的浓度,mg/m³;

m_2, m_1——采样前、后滤膜的质量,g;

V_n——标准状态下的采样体积,m³。

六、实验提示

(1)实验前,要对所用滤膜经 X 光看片机检查,观察滤膜有无缺损。

(2)在天平室称取滤膜的质量时,速度要尽量快,采样前、后滤膜的质量在称取时要尽可能一致。

(3)要经常检查采样头是否漏气。当滤膜上颗粒物与四周白边之间的界线逐渐模糊时,则表明应更换面板密封垫。

(4)中流量采样一般适合测定短时间内大气中总悬浮颗粒物的浓度,欲测定日平均浓度一般从 8:00 开始至第二天 8:00 结束,可用几张滤膜分段采样,总计采样时间应不低于 16 h,合并计算日平均浓度。

七、实验结果与讨论

实验二十六　室内空气中甲醛的测定

甲醛(HCHO)是室内空气中的重要污染物,毒性较大,具有潜在致癌性,甲醛来源于建筑材料、砖瓦、混凝土、板材、石材、保温材料、涂料、黏结剂等。其中,室内装修材料黏合剂是甲醛的主要来源,尤以人造板为甚。

甲醛是一种具有强烈刺激性的挥发性有机化合物,它对人的眼睛、鼻子、呼吸道有刺激作用。低浓度的甲醛可以使皮肤过敏,引起咳嗽、失眠、恶心、头痛等症状。儿童易发生气喘病,甚至致突变、致癌。甲醛已经被世界卫生组织确定为致癌和致畸物质,是公认的变态反应源,也是潜在的强致突变物之一。

甲醛是一种无色、有强烈刺激性气味的气体。易溶于水、醇、醚。甲醛在常温下是气态,通常以水溶液形式出现,此溶液沸点为19 ℃。故在室温时极易挥发,且随着温度的上升挥发速度加快。

对室内甲醛进行污染检测有着较强的现实意义,室内环境空气中甲醛的测定方法主要有酚试剂分光光度法、气相色谱法、电化学法、传感器法等。本实验具体介绍酚试剂分光光度法测定室内空气中的甲醛。

一、实验目的

(1)掌握室内环境空气中甲醛样品的采集方法。
(2)熟练掌握酚试剂分光光度法测定甲醛的原理及操作方法。
(3)学会监测数据的处理及对室内甲醛污染状况进行初步分析。

二、实验原理

空气中的甲醛与酚试剂反应生成嗪,嗪在酸性溶液中被高铁离子氧化形成蓝绿色化合物,室温下经15 min后显色,最大吸收波长为630 nm。根据颜色深浅,比色定量。酚试剂法操作简便,灵敏度高,检出限为0.02 mg/L,较适合于微量甲醛的测定。

三、实验仪器

(1)大型气泡吸收管:出气口内径为1 mm,出气口至管底距离等于或小于5 mm。有10 mL刻度线。

(2)恒流采样器:流量范围0~1 L/min。流量稳定可调,恒流误差小于2%,采样前和采样后应用皂沫流量计校准采样系列流量,误差小于5%。

(3)具塞比色管:10 mL。

(4)分光光度计。

(5)水银温度计。

(6)测压计。

四、实验试剂

本法中所用水均为重蒸馏水或去离子交换水,所用的试剂纯度一般为分析纯。

(1)吸收液原液:称量 0.10 g 酚试剂(简称 MBTH),加水溶解,倾于 100 mL 具塞量筒中,加水到刻度。放冰箱中保存,可稳定 3 d。

(2)吸收液:量取吸收原液 5 mL,加 95 mL 水,即为吸收液。采样时,临用现配。

(3)盐酸(0.1 mol/L)。

(4)1% 的硫酸铁铵溶液:称量 1.0 g 硫酸铁铵[$NH_4Fe(SO_4)_2 \cdot 12H_2O$,优级纯],用 0.1 mol/L 的盐酸溶解,并稀释至 100 mL。

(5)碘溶液[$C(1/2\ I_2) = 0.100\ 0$ mol/L]:称量 40 g 碘化钾,溶于 25 mL 水中,加入 12.7 g 碘。待碘完全溶解后,用水定容至 1 000 mL。移入棕色瓶中,暗处贮存。

(6)1 mol/L 的氢氧化钠溶液:称量 40 g 氢氧化钠,溶于水中,并稀释至 1 000 mL。

(7)0.5 mol/L 的硫酸溶液:取 28 mL 浓硫酸缓慢加入水中,冷却后,稀释至 1 000 mL。

(8)硫代硫酸钠标准溶液[$C(Na_2S_2O_3) = 0.100\ 0$ mol/L]:称量 25 g 硫代硫酸钠($Na_2S_2O_3 \cdot 5H_2O$),溶于新煮沸后冷却的水中,加入 0.2 g 无水碳酸钠,稀释至 1 000 mL,贮存于棕色瓶中,放置 1 周后,标定其准确浓度。

标定方法:精确量取 25.00 mL 待标定的碘酸钾标准贮备溶液,置于 250 mL 碘量瓶中,加入 75 mL 新煮沸后冷却的水,加 3 g 碘化钾及 10 mL 0.1 mol/L 的盐酸,摇匀后,于暗处静置 3 min。然后用待标定的硫代硫酸钠标准溶液滴定至溶液呈淡黄色,加入 1 mL 0.5% 的淀粉溶液,再继续滴定至蓝色刚刚褪去,即为终点。记录消耗的硫代硫酸钠标准溶液体积 V(mL),其准确浓度 C 可用下式计算:

$$C = \frac{0.100\ 0 \times 25.00}{V}$$

(9)0.5% 的淀粉溶液:将 0.5 g 可溶性淀粉,用少量水调成糊状后,再加入 100 mL 沸水,并煮沸 2~3 min 至溶液透明。冷却后,加入 0.1 g 水杨酸或 0.4 g 氯化锌保存。

(10)硫酸溶液(0.5 mol/L)。

(11)甲醛标准贮备溶液:取 2.8 mL 含量为 36%~38% 的甲醛溶液,放入 1 L 容量瓶中,加水稀释至刻度,此溶液可稳定 3 个月。此溶液 1 mL 约相当于 1 mg 甲醛,其准确浓度用下述碘量法标定。

甲醛标准贮备溶液的标定:精确量取 20.00 mL 待标定的甲醛标准贮备溶液,置于 250 mL 碘量瓶中。加入 20.00 mL[$C(1/2\ I_2) = 0.100\ 0$ mol/L]碘溶液和 15 mL 1 mol/L 的氢氧化钠溶液,放置 15 min,加入 20.00 mL 0.5 mol/L 的硫酸溶液,再放置 15 min,用硫代硫酸钠溶液滴定,至溶液呈现淡黄色时,加入 1 mL 5% 的淀粉溶液继续滴定至恰使蓝色褪去,记录所用硫代硫酸钠溶液的体积 V_2(mL)。同时,用水代替甲醛标准贮备溶液,做空白滴定,记录空白滴定所用硫代硫酸钠标准溶液的体积 V_1(mL)。

甲醛标准贮备溶液的浓度用下式计算:

$$C_{甲醛}(\text{mg/mL}) = \frac{(V_1 - V_2) \times C \times 15}{20}$$

式中 V_1——试剂空白消耗[$C(Na_2S_2O_3) = 0.100\ 0\ mol/L$]硫代硫酸钠溶液的体积,mL;

      V_2——甲醛标准贮备溶液消耗[$C(Na_2S_2O_3) = 0.100\ 0\ mol/L$]硫代硫酸钠溶液的体积,mL;

      C——硫代硫酸钠溶液的浓度,mol/L;

      15——1/2 甲醛的摩尔质量,g/mol;

      20——所取甲醛标准贮备溶液的体积,mL。

二次平行滴定,误差应小于 0.05 mL,否则重新标定。

(12)甲醛标准溶液:临用时,将甲醛标准贮备溶液用水稀释成 1.00 mL 含 10 μg 甲醛的中间液,立即再取此中间液 10.00 mL 置于 100 mL 容量瓶中,加入 5 mL 吸收原液,用水定容至 100 mL,此溶液 1.00 mL 含 1.00 μg 甲醛,放置 30 min 后,用于配制标准比色系列管。此标准溶液可稳定 24 h。

五、实验步骤

(一)采样点布设

根据国家环保局发布的《室内环境空气质量监测技术规范》(HJ/T 167—2004),室内环境质量监测选点原则如下:

(1)采样点的数量根据监测室内面积大小和现场情况而确定,小于 50 m² 的房间应设 1 ~ 3 个点,50 ~ 100 m² 的房间应设 3 ~ 5 个点,100 m² 以上至少设 5 个点,在对角线上或呈梅花形均匀分布。

(2)采样点应避开通风口,距离墙壁大于 0.5 m。

(3)采样点高度,原则上与人的呼吸带高度一致,相对高度为 0.8 ~ 1.5 m。

(4)采样时间和频率,评价室内空气环境质量对人体健康的影响时,应在人们正常活动情况下采样,至少监测一天,每日早晨和傍晚各监测一次。早晨不开门窗,每次平行采样。

(二)空气样品采集

(1)移取 5 mL 吸收液于大型气泡吸收管中,空气采样器以 0.5 L/min 流量采气10 ~ 20 L,采样后密封好采样管。同时,记录采样点的温度和大气压力。采样后样品在室温下应在 24 h 内分析。

(2)在采集甲醛样品的同时,应准备现场空白吸收管,内装 5 mL 吸收液,进气口和出气口用硅橡胶管连接密封。空白吸收管同时带到现场,但不采样,进行空白测定。

室内空气甲醛的采样记录如下:

采样点	1	2	3
采样流量(L/min)			
采样时间(min)			
温度(℃)			
大气压力(kPa)			
采样体积 V_t(L)			
标准体积 V_0(L)			

（三）标准曲线的绘制

取 10 mL 具塞比色管，用甲醛标准溶液按下表制备标准系列：

加入溶液	管号								
	0	1	2	3	4	5	6	7	8
甲醛标准溶液体积（mL）	0	0.1	0.2	0.4	0.6	0.8	1.0	1.5	2.0
吸收液体积（mL）	5.0	4.9	4.8	4.6	4.4	4.2	4.0	3.5	3.0
甲醛含量（μg）	0	0.1	0.2	0.4	0.6	0.8	1.0	1.5	2.0
吸光度 A									

标准系列各管中，加入 0.4 mL 1% 的硫酸铁铵溶液，摇匀，放置 15 min。用 1 cm 比色皿，在波长 630 nm 下，以蒸馏水为参比，测定各管溶液的吸光度，扣除空白试剂的吸光度后，得到校准的吸光度值。以甲醛含量为横坐标、吸光度为纵坐标绘制曲线，并计算回归斜率，以斜率的倒数作为样品测定的计算因子 B_g（μg/吸光度）。

标准曲线的回归方程如下式所示：

$$y = ax + b$$

式中　a——标准曲线的斜率；

　　　b——标准曲线的截距。

以斜率的倒数作为样品测定的计算因子，$B_g = \dfrac{1}{a}$（μg/吸光度）。

（四）样品测定

采样后，将样品溶液全部转入比色管中，用少量吸收液洗涤吸收管，合并使总体积为 5 mL。按绘制标准曲线的操作步骤测定吸光度 A，在每批样品测定的同时，用 5 mL 未采样的吸收液做试剂空白，测定试剂空白溶液的吸光度 A_0。

六、实验计算

（1）将现场采样体积换算成标准状态下（0 ℃，101.325 kPa）的体积：

$$V_0 = \frac{T_0}{273 + t} \times \frac{P}{P_0} \times V_t$$

式中　V_0——标准状态下的采样体积，L；

　　　V_t——采样体积，L，为采样流量（L/min）与采样时间（min）的乘积；

　　　t——采样点的温度，℃；

　　　T_0——标准状态下的绝对温度，273 K；

　　　P——采样点的大气压力，kPa；

　　　P_0——标准状态下的大气压力，101.325 kPa。

（2）空气中甲醛浓度的计算

$$C = \frac{(A - A_0 - b) \times B_g}{V_0}$$

式中　　C——空气中甲醛的浓度，mg/m^3；

　　　　A——样品溶液的吸光度；

　　　　A_0——空白溶液的吸光度；

　　　　B_g——计算因子，μg/吸光度；

　　　　V_0——换算成标准状态下的采样体积，L。

七、实验提示

（1）10 μg 酚、2 μg 醛以及二氯化氮对本法无干扰。二氧化硫共存时，使测定结果偏低，因此对二氧化硫干扰不可忽视，可将气样先通过硫酸锰滤纸过滤器予以排除。

硫酸锰滤纸的制备：

取 10 mL 浓度为 100 mg/mL 的硫酸锰水溶液，滴加到 250 cm^2 玻璃纤维滤纸上，风干后切成碎片，装入 1.5 mm × 150 mm 的 U 形玻璃管中。采样时，将此管接在甲醛吸收管之前。此法制成的硫酸锰滤纸，有吸收二氧化硫的效能，受大气湿度影响很大，当相对湿度大于 88%，采气速度为 1 L/min，二氧化硫浓度为 1 mL/m^3 时，能消除 95% 以上的二氧化硫，此滤纸可维持 50 h 有效。当相对湿度为 15% ~ 35% 时，吸收二氧化硫的效能逐渐降低。所以，相对湿度很低时，应换用新制的硫酸锰滤纸。

（2）在 20 ~ 30 ℃内，显色 15 min 即反应完全，且颜色可稳定数小时。室温低于 15 ℃时，显色不完全，应在 25 ℃水浴中进行显色操作。标准系列与样品的显色条件应一致。

（3）空气中的甲醛很容易被水吸收，实验所用试剂应注意密闭保存，当空白实验测定值过高时，应重新配制试剂。

八、实验结果与讨论

参 考 文 献

[1] 奚旦立,孙裕生,刘秀英. 环境监测[M]. 3 版. 北京:高等教育出版社,2006.

[2] 吴邦灿,等. 现代环境监测技术[M]. 北京:中国环境科学出版社,2005.

[3] 齐天启. 环境监测新技术[M]. 北京:化学工业出版社,2004.

[4] 奚旦立,等. 环境工程手册——环境监测卷[M]. 北京:高等教育出版社,2000.

[5] 韦进宝. 环境监测手册[M]. 北京:化学工业出版社,2006.

[6] 吴鹏鸣. 环境监测原理与应用[M]. 北京:化学工业出版社,2004.

[7] Clair N Sawyer Perry L McCarty. Chemistry for Environmental Engineering[M]. 4 版. 北京:清华大学出版社,2000.

[8] 国家环境保护局. 水和废水监测分析方法[M]. 4 版. 北京:中国环境科学出版社,2002.

[9] 国家环境保护局. HJ/T 167—2004 室内环境空气质量监测技术规范[S]. 北京:中国环境科学出版社,2004.

[10] 国家环境保护局. 空气和废气质量监测分析方法[M]. 北京:中国环境科学出版社,2003.

[11] 孙成. 环境监测实验[M]. 北京:科学出版社,2003.

[12] 李光洁. 环境监测实验[M]. 武汉:华中科技大学出版社,2010.

[13] 陈若暾,等. 环境监测实验[M]. 上海:同济大学出版社,1993.

[14] 齐天启. 环境监测实用手册[M]. 北京:中国环境科学出版社,2006.

[15] 黄君礼. 水分析化学[M]. 北京:中国建筑工业出版社,2008.